U0009806

啟動數學腦

這樣學

43則活化思考、提升數感的
實用趣味題

身近なアレを数学で説明してみる
「なんでだろう?」が「そうなんだ!」に変わる

佐佐木 淳 著　張秀慧 譯

前言

「所有的過去都能改寫。」

「未來能創造過去。」

這兩句話或許乍聽之下難以理解吧！這是宇宙物理學家兼理論物理學家佐治晴夫曾說過的話。

而這震撼了堅信「過去是無法改變的，能夠改變的只有未來」的我。在電視節目中暢談自己失敗經歷的名人，我想他們的意思就是**只要能改變未來，那麼就可以改寫過去**。艱困的過去以及失敗的經驗，都將成為指引的「明燈」。在我們周遭，有許多人藉由改變未來讓原本痛苦不已的過去轉變成輝煌耀眼的回憶。或許我們就稱它為**克服**吧！

抱歉，現在才自我介紹。我從事教授海上自衛隊飛行預備官數學的工作。或許有人聽到「在自衛隊教數學」會感到困惑，其實自衛隊裡面也有學校，也會教軍官各式各樣的學科。像是原本不會游泳的學員，數個月之後能夠游 5 英里 (約 9 公里) 遠的距離。這同樣也是海上自衛隊的課程之一。

海上自衛隊建立了有助培育飛行預備官的航空學校制度，而他們所學習的數學內容，大概是高中理組的數學程度。當然裡面也有些學生對數學不太擅長，或者在高中是讀文組的學生。

但那些學生也會針對某些單元來學習，只要願意改變想法，其實學習成效都還算「不錯」。像這樣的學生當中，就有

人克服數學的學習障礙，**改寫了過去**，成為一位優秀的飛行官。「不會」或「做不到」都已經是過去的事了。

即便是想像或是自認為「辦得到」也沒關係。因為比起覺得「辦不到」，當然是覺得自己「辦得到」要好。因為「辦得到」的想法會將過去「辦不到」的記憶改寫。

雖然說「數學最重要的是累積過去的學習，如果沒有過去的累積就不會有數學」，但真是如此嗎？

就算學了數學，也不需要全部都很精通。就像我，在大學和研究所時期，也不知道同一間研究室中朋友的研究內容。如果是必要的知識，那麼**需要時再了解**就可以了。

我們平常使用物品也是如此，並非全都了解透徹後才使用。像智慧型手機，應該很少人會在充分了解它的構造及功能後才使用吧，應該是「懂得的功能就使用」。就像使用智慧型手機，數學也是一樣的，放輕鬆學就可以了。

為此，本書先將數學相當重視的嚴密性拋開，透過概略理解以及實例來說明。

「數學原來可以運用在這上面！」
「這裡也跟數學有關呀！」

我收集了一些相關的主題。能夠理解一項主題，就代表「懂得」了。「懂得」的部分越多就越有自信。只要有自信，過去的記憶就可能重新改寫。或許有人現在還是覺得「數學很難」。

但這樣也沒關係，不，說不定反而比較好。本書如果能讓大家「討厭數學」的感覺成為過去的「回憶」就太好了。

接下來，跟我一起往**改寫過去的旅程**出發吧！

2018 年 12 月 佐佐木 淳

CONTENTS

CONTENTS

第1章

不再感到困惑！
「數」之疑問

上小學時，有沒有對分數的除法等問題感到疑問
呢？就算如此，過了一段時間之後再重新來思考這
些問題，說不定很快就能理解。現在就來解決「那
時候的問題」吧！

1 1 飛彈巡洋艦「約克城號」為何會系統停機呢？

　　1997 年 9 月，美國海軍飛彈巡洋艦「約克城號」的某具引擎發生狀況。因電腦故障導致約克城號停擺了近 2 個小時 30 分鐘，最後被拖回了諾福克港。

　　調查之後，發現系統故障的原因之一，是「發生了除數為零 (零除法) 的狀況」。為什麼數字不可用零來除呢？

　　小學上數學課的時候，學了「不能用零來除」的計算規則。**如果在智慧型手機等計算機輸入「÷0」，就會出現「E (錯誤)」或「零無法計算」等訊息。**連計算機也算不出答案，非常不可思議。

　　下面我們就從「除法」探究「除數不可以為零」的理由吧！

　　先做暖身運動：

　　我們知道除法實是「乘法的反運算」，而且也是「減法的應用」。譬如說，「18÷6＝3」是「6×3＝18」的「反運算」。

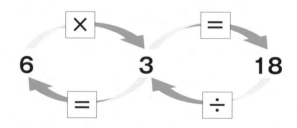

另外，也有「18 減去 6 要減幾次才會變成 0 呢」的算法。答案是「3 次」，這種想法屬於「減法的運用」。

18　　12　　6　　0

從減法的觀點思考，「以 0 來除 (÷0)」就是**重複減去 0**，像是計算 3÷0 就是「3 減去 0，要減幾次才會變成 0 呢」，這不管減幾次都不會變成 0。

無限次減去 0 當然沒有答案。

電腦不會自己思考做出判斷，所以對於沒有答案的問題，必須要有人來告訴電腦這個「答案」就是「沒有答案」。因為就算是「沒有答案的問題」，電腦也會不斷尋求「解答」。所以必須要由人類向電腦下達「以 0 來除 (÷0)」時就要發出「E(錯誤)」訊息的指令。這項警示訊息是要讓電腦停止運算的「答案」。

剛剛提到的約克城號事故，就是船員輸入錯誤的數字，使得電腦不斷去做「以 0 來除 (÷0)」的運算，最後記憶體因消耗太大而當機，導致巡洋艦的功能停擺。「以 0 來除 (÷0)」這個簡單算式竟能影響飛彈巡洋艦的機能，實在不容小覷呀！

1 2 《兒時的點點滴滴》的妙子 為何不懂分數的除法呢？

聽過吉卜力工作室製作的《兒時的點點滴滴》(1991 年)動畫電影嗎？

主角是名叫「岡島妙子」的女性，電影中，在她還是小學生的時候，因為不明白分數的除法而考得不好，還因此被姊姊罵。

分數的除法是「顛倒相乘」。

小學所學的這個「魔法」，是一個「不管過多久都無法解開迷惑」的魔法。其實「為什麼」的理由很簡單，答案就是「**計算之後就會變成那樣**」。只不過，「**每次都重新計算太麻煩了，乾脆就把公式背起來**」，所以學校才會那麼教。

就像分數除法的規則，在數學、算術當中，因為「計算太過繁複所以乾脆就背起來」的例子有很多。乘法的「九九乘法」也是如此。「每次都計算太麻煩了」所以乾脆就直接背起來。

當然，9×9 只要使用右頁所說的加法，連加 8 次就可得出答案，但會這樣算的人相當少，大部分的人應該還是會背下「9×9＝81」。

接下來，來看看為什麼**分數除法是用顛倒相乘的方式來計算**。

●9×9的計算

$$9 \times 9 = 9+9+9+9+9+9+9+9+9$$
$$=9+9+9+9+9+9+9+18$$
$$=9+9+9+9+9+9+27$$
$$=9+9+9+9+9+36$$
$$=9+9+9+9+45$$
$$=9+9+9+54$$
$$=9+9+63$$
$$=9+72$$
$$=81$$

開始前要做一下準備，先想像 $1.5 \div 0.3$ 的除法運算，把小數點往後移一位，變成「$15 \div 3$」的算式後再計算。

小數點往後移一位

$1.5 \div 0.3$ 變成 $15 \div 3$，在小數點往後挪一位的計算過程中，**除數和被除數都變大 10 倍**。

這條算式是這樣來的：

$$1.5 \div 0.3 = (1.5 \times 10) \div (0.3 \times 10)$$
$$= 15 \div 3$$

跟小數的除法一樣，除數與被除數都乘上相同的數字就可以了。這個計算方式就跟約分相同，而約分就是用同樣數字去除以除數及被除數。

準備好了之後，來嘗試以下的計算吧：

$$\frac{5}{7} \div \frac{3}{4}$$

分數的除法運算，要先將除數顛倒後再做相乘。

$$\frac{5}{7} \div \frac{3}{\textcircled{4}}$$

$\boxed{\text{被除數}}$ $\boxed{\text{除數}}$

將 $\boxed{\text{除數}}$ 與 $\boxed{\text{被除數}}$ 與除數 $\frac{3}{4}$ 的分母 4 相乘。這樣就變成：

$$\frac{5}{7} \div \frac{3}{4} = \left(\frac{5}{7} \times 4\right) \div \left(\frac{3}{4} \times 4\right) = \frac{5}{7} \times \boxed{4 \div 3}$$

$$\boxed{4 \div 3 = \frac{4}{3}} \text{ 所以，}$$

$$\frac{5}{7} \div \frac{3}{4} = \left(\frac{5}{7} \times 4\right) \div \left(\frac{3}{4} \times 4\right) = \frac{5}{7} \times 4 \div 3 = \frac{5}{7} \times \frac{4}{3}$$

由於每次都從頭計算太過繁複了，所以我們才學習「分數的除法是將數字顛倒後相乘」這個「魔法」。

● 用「披薩」來思考

接著我們用「切一塊披薩」的例子來說明。一塊披薩要 4 個人平分，每個人可以分到 $\frac{1}{4}$ 的披薩。寫成算式的話：

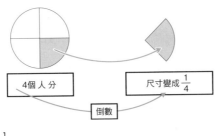

$$1 \div 4 = \frac{1}{4}$$

　　試著用另一種角度看，當一片披薩分成 $\frac{1}{4}$ 的大小，那麼片數就變成 4 倍。

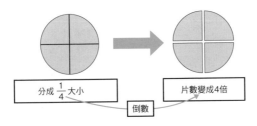

　　變成算式的話，就是：

$$1 \div \frac{1}{4} = 4$$

尺寸與人數就是所謂的**倒數關係**。前面兩個算式的意思相同，差別在於是以「分配的尺寸」還是「分配的人數」為基準。兩者的除數與答案都是倒數關係。**倒數關係才是「分數除法是顛倒相乘」真正的精髓。**

0.1秒就能算出淘汰賽的比賽次數？

有 A、B、C、D、E、F、G 等 7 個隊伍，想以淘汰賽的方式決定優勝隊伍。那麼應該要比幾場呢？其實，在這情況下**不管是怎樣的配對方式，6 次比賽就可以決定**。這是因為「輸的隊伍」跟「比賽」是一一對應的。

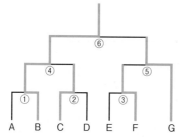

第 1 場比賽：B 勝、A 輸

第 2 場比賽：C 勝、D 輸

第 3 場比賽：F 勝、E 輸

第 4 場比賽：B 勝、C 輸

第 5 場比賽：G 勝、F 輸

第 6 場比賽：B 勝、G 輸

觀察這類比賽，一一對應的部分哪裡特別？因為是淘汰賽，所以獲勝隊伍只有一隊 (本例子是 B 隊)，那其他隊伍全輸了。也就是說，輸的隊伍跟比賽是一一對應的，跟勝利的隊伍沒有關係。也就是說，若觀察贏的隊伍，B 隊在第 1、第 4、第 6 場比賽中都獲勝，而這 3 場比賽都不是一一對應的。

第2章

隱藏在身邊的
「平方根」

在畢達哥拉斯發現「勾股定理(畢達哥拉斯定理)」
後,出現了平方根。當初是因為不知道要怎樣表示
「無法用分數標示的數」才會有此用法,後來也逐漸
使用於日常生活的諸多情況中。我們就來探究平方
根的妙趣吧。

影印機之所以有「141.4%」這種尷尬的放大倍數是有理由的

「能幫我把這張 A4 的開會資料放大成 A3 嗎？」

職場上主管常會請你幫這樣的忙吧。為了要放大開會資料，你走到影印機前，看著上面「放大」的按鈕。

這個時候，應該會看到影印機設定好了「141%」或「141.4%」等這種尷尬的放大比例。你是否也曾想過：「150%的倍率不是比較好計算嗎？究竟為什麼呢？」

我們就來研究一下影印機這個「謎之倍率」吧。這些奇怪的倍率其實與**紙張的尺寸**有關。職場使用的 A 開或 B 開的紙張都不是正方形，而是長方形的，所以長（縱向）、寬（橫向）的長度不同。在此，邊長較短的為縱向，較長的為橫向。

縱和橫的比例是相同的 (不論是 A4、A3 還是 A2)，但你知道比例嗎？答案是**1(縱)：√2(橫)的比例**，也稱作**白銀比例**。雖然數字有點奇怪，但這種比例大小的 A 開及 B 開紙張**就算對折，縱和橫的比例也不會改變**，使用起來很方便。因為有此特性，所以不論是放大還是縮小，紙張上的內容不會超出影印範圍，也不會留有太多的空白。

將 A 開跟 B 開尺寸的紙張對折，就會產生 20 頁上方圖般的變化，例如，A3 用紙對折之後，就成了 A4 用紙。

放大時則是剛好相反，像本頁下方的圖，將兩張 A4 的紙拼起來就是一張 A3 的紙。

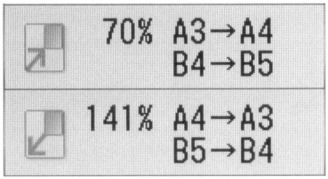

影印機操作介面的例子。顯示「141%」這個奇怪的數字

A開：A0→A1→A2→A3→A4→A5→A6
B開：B0→B1→B2→B3→B4→B5→B6

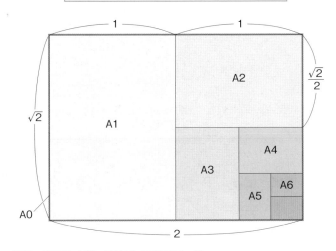

A0的一半是A1，A1的一半是A2。B開的也是一樣

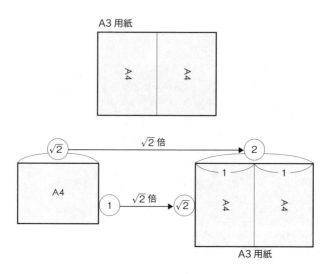

　　請注意看 A4 跟 A3 的**縱跟橫的長度**，A3 的縱和橫的長各為 A4 的 $\sqrt{2}$ 倍。

$$\sqrt{2} = 1.41421356\cdots = 141.421356\cdots\% \fallingdotseq \textbf{141.4\%}$$

因此，A4 要變成 A3 大小的話，就需要把 A 開用紙放大 **141.4%**。

● 從影印機縮小倍率「70.7%」、「81.6%」了解「分母有理化」

　　接著，我們要把 A3 縮小成 A4。

放大影印紙張的話，就是將縱、橫的長放大 $\sqrt{2}$ 倍，縮小就是將縱、橫的長縮小 $\frac{1}{\sqrt{2}}$ 倍。

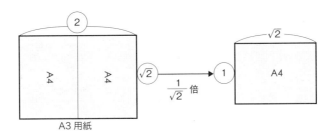

　　但是，要計算 $\frac{1}{\sqrt{2}}$ 是非常複雜的。因為

$$\frac{1}{\sqrt{2}} = \frac{1}{1.41421356\ldots} = 1 \div 1.41421356\ldots$$

　　而 1÷1.41421356…是非常繁複的計算。實際去運作這個算式的話，

就如以上所見，超級繁複的。

讓算式變複雜的原因就是分母的 $\sqrt{2} = 1.41421356\cdots$，所以為了不讓分母是 $\sqrt{2}$，只要改變算式就可以了。

因此就需要**分母有理化**出場了。

由於是 $\sqrt{2} \times \sqrt{2} = 2$，所以將 $\frac{1}{\sqrt{2}}$ 的分子跟分母乘上跟分母相同的數字 ($\sqrt{2}$)。

$$\frac{1}{\sqrt{2}} = \frac{1 \times \sqrt{2}}{\sqrt{2} \times \sqrt{2}} = \frac{\sqrt{2}}{2} = \frac{1.41421356\ldots}{2} = 0.70710678\ldots$$

上面**算式的藍色虛框的部分就是分母有理化**。第一次學有理化時，或許會懷疑「這會有什麼用」吧。但藉由分母有理化能將龐大的除法算式變成簡單的式子。

$$0.70710678\ldots = 70.710678\ldots\% \fallingdotseq \mathbf{70.7\%}$$

從這個算式，就能得出縮小倍率是 70.7%。

不過，有些影印機或是多功能列印機的縮小倍率不是 70.7%，而是 71% 或 70%。雖然 70.7% 四捨五入後就是 71%，但 71% 卻比 70.7% 稍微大一些，所以縮小影印的話，邊框可能會被削去一些。因此，有些機器不是將 70.7% 的小數第一位四捨五入，而是設定了直接去掉小數第一位的 70% 倍率。

影印機的操作介面還有 122.4%、81.6% 的倍率。來看看這又是怎麼訂出來的吧。

如前面所提，把 A 開的紙張放大，面積就變成 2 倍，縮小的話，面積就會變成一半，因此紙張可能會有「太大」或「太小」的問題。**而能解決這些問題的就是大小適中的 B 開。**「不想將 A 開紙張放大 2 倍，只想稍微放大」。**為符合此要求，將 A 開放大 1.5 倍的就是 B 開。**A 開與 B 開的尺寸關係如下圖。

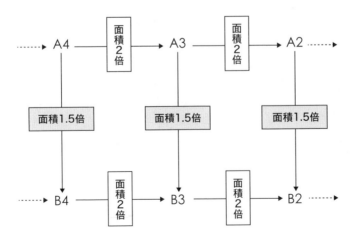

A 開變成 B 開的面積是 1.5 倍，所以**縱跟橫的長是 $\sqrt{1.5}$ 倍**。為方便計算，將 $\sqrt{1.5}$ 的小數換成分數表示，

$$\sqrt{1.5} = \sqrt{\frac{3}{2}} = \frac{\sqrt{3}}{\sqrt{2}}$$

把 A 開的縱長當成 1 的話，那橫長就是 $\sqrt{2}$，而 B 開的縱長就是 $1 \times \frac{\sqrt{3}}{\sqrt{2}} = \frac{\sqrt{3}}{\sqrt{2}}$，橫長就是 $2 \times \frac{\sqrt{3}}{\sqrt{2}} = \sqrt{3}$。

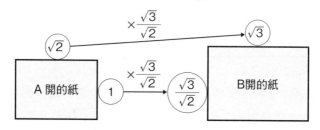

而且，如果將 A 開的對角線長當作 c，那就能用勾股定理計算：$c^2 = 1^2 + (\sqrt{2})^2 = 3$、$c = \sqrt{3}$，因而可看出下圖的關係：

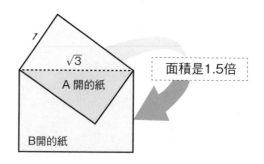

面積是 1.5 倍

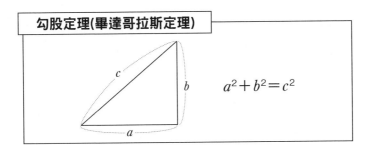

勾股定理(畢達哥拉斯定理)

$$a^2 + b^2 = c^2$$

因為 B 開的縱長是 $\frac{\sqrt{3}}{\sqrt{2}}$，將分母有理化，就變成：

$$\frac{\sqrt{3}}{\sqrt{2}} = \frac{\sqrt{3} \times \sqrt{2}}{\sqrt{2} \times \sqrt{2}} = \frac{\sqrt{6}}{2} = \frac{2.44948974\ldots}{2}$$

$$= 1.22474487\ldots = 122.474487\ldots\% \fallingdotseq 122.4\%$$

要把 A 開放大成 B 開，只要放大成 122.4% 倍就可以了。

反之，想把 B 開縮小成 A 開的話，就會是這樣：

$$1 \div \frac{\sqrt{3}}{\sqrt{2}} = \frac{\sqrt{2}}{\sqrt{3}} = \frac{\sqrt{2} \times \sqrt{3}}{\sqrt{3} \times \sqrt{3}} = \frac{\sqrt{6}}{3} = \frac{2.44948974\ldots}{3}$$

$$= 0.81649658\ldots = 81.649658\ldots\% \fallingdotseq 81.6\%$$

由此可知，**要把 B 開的紙張縮小成 A 開的話，只要設定為 81.6% 就可以了。**

為了方便放大或縮小 A 開、B 開的紙張，我們會用白銀比例，但如果沒有特別需求的話就使用整數。譬如，明信片是 102mm×152mm，比例大約就是 2：3。

2　2　隱藏於金字塔的「黃金比例」與東京晴空塔的「白銀比例」

　　埃及金字塔、米羅的維納斯雕像、希臘的帕德嫩神殿、巴黎凱旋門……歷史上有許多令我們讚嘆不已的藝術。但你知道嗎？這些名留青史的藝術作品隱藏著神祕的「法則」。提示：與設計比例有關。

　　譬如，金字塔底部邊長的一半：斜邊＝ $1 : \dfrac{1 + \sqrt{5}}{2}$ 。這個比例好像有點尷尬，但這其實就是我們常聽到的**黃金比例**，常出現在前面列舉的藝術品上。隱藏在藝術作品中的比例，跟數學有相當大的關係。

　　$\dfrac{1 + \sqrt{5}}{2}$ 這個微妙的數字，是在解二次方程式 $x^2 - x - 1 = 0$ 時出現的。

　　因這個二次方程式不是簡單就能解開，需要公式才可以。那麼，我們用**二次方程式的公式**來算出答案吧！

二次方程式的公式

$ax^2 + bx + c = 0$（$a \neq 0$）時、$x = \dfrac{-b \pm \sqrt{b^2 - 4ac}}{2a}$

沒有寫數字時，
1就是被省略了。

$a\ x^2 + b\ x + c = 0$

$x^2 - x - 1 = 0$

將 $a = 1$、$b = -1$、$c = -1$ 帶入公式：

$$x = \frac{-(-1) \pm \sqrt{(-1)^2 - 4 \times 1 \times (-1)}}{2 \times 1}$$

$$= \frac{1 \pm \sqrt{1 + 4}}{2} = \frac{1 \pm \sqrt{5}}{2}$$

求 $\dfrac{1 + \sqrt{5}}{2}$ 以及 $\dfrac{1 - \sqrt{5}}{2}$ 的答案。

$\sqrt{5}$ 的值是 2.2360679⋯

$$\frac{1 + \sqrt{5}}{2} \fallingdotseq \frac{1 + 2.2360679\cdots}{2} = \frac{3.2360679\cdots}{2} \fallingdotseq 1.618034$$

$$\frac{1 - \sqrt{5}}{2} \fallingdotseq \frac{1 - 2.2360679\cdots}{2} = \frac{-1.2360679\cdots}{2} \fallingdotseq -0.618034$$

因此，黃金比例就是這兩個答案中的正數。

我們採用了 $\frac{1+\sqrt{5}}{2} \fallingdotseq 1.618034$。將這個值的小數第二位四捨五入，讓它容易理解，就會是這樣：

$$\frac{1+\sqrt{5}}{2} \fallingdotseq 1.6 = \frac{8}{5}$$

使用此數值的黃金比例就是：

$$1:\frac{1+\sqrt{5}}{2} \fallingdotseq 1:\frac{8}{5} = 5:8$$

所以黃金比例大概是 5：8。

　　原先可能會懷疑「公式能幫什麼忙」，但在了解黃金比例是如何使用於藝術作品後，或許就會稍微改變想法吧。相對於此，**日本最偉大的藝術作品，像是法隆寺第二層的寬度與第一層的寬度比是 1：$\sqrt{2}$，也就是使用所謂的白銀比例，在日本像這類的作品不少。**

　　白銀比例也可使用於影印紙，非常的實用。就像世界藝術品是「以黃金比例雕琢出細緻的美」，日本藝術作品則是「強調白銀比例的實用性」──在數學方面也引起有趣的爭論。

　　在日本，曾經有「出社會後數學公式根本用不到，應該要刪除」的意見，所以國中三年級的教科書中就看不到此公式。

　　也因為如此，有了所謂「沒學過解題公式的世代」，在教這些世代的學生數學的時候，我有了前所未有的經驗。

　　那就是，「有很多學生無法正確計算 $\sqrt{}$ 」。

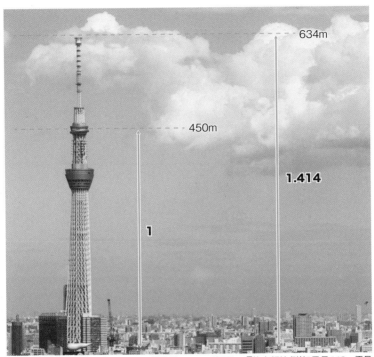

東京晴空塔的展望台高度是450m，塔高是634m，接近1：√2的白銀比例(如果是448m便是白銀比例)

　　在即使不喜歡但還是學了解題公式的世代中，學生們能理解「$\sqrt{12}$ 變成 $2\sqrt{3}$」，並且能夠正確運算，但在沒學過解題公式的世代中，學生們大多不能迅速正確的解題。

$$\sqrt{12} = \sqrt{2^2 \times 3} = \sqrt{2^2} \times \sqrt{3} = 2\sqrt{3}$$

剛開始我總奇怪為何這個世代的學生不能理解，很認真的思考「為什麼他們會不懂呢」，後來發現「這跟有沒有學過解題公式有關」。

　　現在或許還有人覺得「出了社會，根本用不到解題公式，乾脆刪掉不要教算了」，到底為什麼討厭到「想刪掉不教」呢？可能是計算步驟太過繁複了吧！的確，$\sqrt{}$ 的計算很麻煩，不過我卻希望各位不要忘記，**為了要做如此繁複的計算，才更要有紮實的 $\sqrt{}$ 計算能力。**

第 **3** 章

使用「方程式」
就不會陷入思考陷阱

國中所學的方程式，能夠加強小學所學的計算技巧。方程式與聰明與否無關，是任何人都能得心應手的強大工具。用慣了方程式，就不會被長篇大論的題目給嚇傻了。

「打折」跟「回饋點數」相似卻大不相同

「每個月的 1 號是 10% 回饋點數感謝祭！」

這樣的廣告詞在超市或電器量販店是不是經常看到呢？在網路購物時好像也會看到。另外，有時也會聽到這樣的廣播。

「現在開始限時拍賣，結帳時可立即享有 10% 折扣！」

聽起來很划算，然後就不小心買了很多東西。**10%回饋點數**及**10% 折扣**（10%off，九折）聽起來好像一樣，不過其實優惠的程度還是有別。我們就來看看回饋點數跟折扣到底差在哪裡吧。

譬如，購買 10 個每個 1000 日幣的多功能事務機墨水匣，分別用**10% 折扣**以及**10% 回饋點數**計算，看哪一種比較划算。10 個墨水匣的價格是 $1000 \times 10 = 10000$ 日幣。

如果是打 10% 的折扣，那麼就會便宜 $10000 \times \dfrac{10}{100} = 1000$ 日幣，因此用 $10000 - 1000 = 9000$ 日幣就可買到。

用回饋點數來計算的話，支付金額是 10000 日幣，那回饋的點數就是價值 $10000 \times \dfrac{10}{100} = 1000$ 日幣的點數。

回饋點數在尚未使用前不具價值，所以馬上使用回饋點數（值 1000 日幣的點數）再購買一個墨水匣。因此結論就是：

10% 折扣：9000 日幣購買 10 個

10% 回饋點數：10000 日幣購買 11 個

這樣可能較難看出哪一種比較划算，我們就用每一個的單價來比較吧。

10% 折扣：9000÷10＝900 日幣

10% 回饋點數：10000÷11≒909.1 日幣

由此可知，用 10% 折扣的方式購買會稍微便宜一些。

以前面的例子來看，10% 的點數回饋可以買 11 個墨水匣，我們也能把它想成是「1000×11＝11000 日幣的商品，打折省下 1000 日幣，用 10000 日幣就能購入」，等於是將「回饋點數」轉換成「折扣」的算法。接著來算一下它的折扣率：

$$\frac{1000}{11000} \times 100 = 9.091\%$$

因此，**10% 點數回饋等於是打了 9.091% 的折扣**。顯然，如數字所示，「折扣比較划算」。

將這個例子的回饋點數，以及折扣整理成下面的對照表。

打折商品　　　　　　　　回饋點數商品

折扣金額1000日幣

回饋1000日幣的點數

支付金額
9,000日幣

支付金額
10,000日幣

11,000 日幣
10,000 日幣
9,000 日幣
8,000 日幣
7,000 日幣
6,000 日幣
5,000 日幣
4,000 日幣
3,000 日幣
2,000 日幣
1,000 日幣
0 日幣

商品價值
10,000日幣

商品實質價值
11,000日幣

10%	商品價格	折扣金額	支付金額	回饋金額	商品價格 + 回饋金額
折扣	10,000日幣	1,000日幣	9,000日幣	–	–
回饋點數	10,000日幣	–	10,000日幣	1,000日幣	11,000日幣

回饋率	支付金額	回饋點數	價格＋回饋	折扣率(%)
5%		500日幣點數	10,500日幣	$\dfrac{500}{10500} \times 100 = 4.761\%$
10%		1,000日幣點數	11,000日幣	$\dfrac{1000}{11000} \times 100 = 9.091\%$
15%		1,500日幣點數	11,500日幣	$\dfrac{1500}{11500} \times 100 = 13.043\%$
20%		2,000日幣點數	12,000日幣	$\dfrac{2000}{12000} \times 100 = 16.667\%$
25%		2,500日幣點數	12,500日幣	$\dfrac{2500}{12500} \times 100 = 20.000\%$
30%		3,000日幣點數	13,000日幣	$\dfrac{3000}{13000} \times 100 = 23.077\%$
40%	10,000日幣	4,000日幣點數	14,000日幣	$\dfrac{4000}{14000} \times 100 = 28.571\%$
50%		5,000日幣點數	15,000日幣	$\dfrac{5000}{15000} \times 100 = 33.333\%$
60%		6,000日幣點數	16,000日幣	$\dfrac{6000}{16000} \times 100 = 37.500\%$
70%		7,000日幣點數	17,000日幣	$\dfrac{7000}{17000} \times 100 = 41.176\%$
80%		8,000日幣點數	18,000日幣	$\dfrac{8000}{18000} \times 100 = 44.444\%$
90%		9,000日幣點數	19,000日幣	$\dfrac{9000}{19000} \times 100 = 47.368\%$
100%		10,000日幣點數	20,000日幣	$\dfrac{10000}{20000} \times 100 = 50.000\%$

由表格可知，「25% 點數回饋」跟「20% 折扣（八折）」是相同的。而「100% 點數回饋」跟「50% 折扣（五折）」也是相同的，感覺不太容易理解。**而數學正是能夠補充說明這種難以理解的事例的工具。**

接下來，算算看表格沒有的「與 30% 折扣相同的點數回饋率」以及「與 40% 折扣相同的點數回饋率」吧！

將與 30% 折扣相同的點數回饋率設定為 x%。

將與 40% 折扣相同的點數回饋率設定為 y%。

製成表格如下：

回饋率	$x\%\left(=\dfrac{x}{100}\right)$	$y\%\left(=\dfrac{y}{100}\right)$
支付金額	10,000日幣	
回饋點數	$10000 \times \dfrac{x}{100} = 100x$	$10000 \times \dfrac{y}{100} = 100y$
價格＋回饋	$10000 + 100x$	$10000 + 100y$
折扣率	$\dfrac{100x}{10000 + 100x} \times 100\,(\%)$	$\dfrac{100y}{10000 + 100y} \times 100\,(\%)$
	30%	40%

算出與30%折扣相同的點數回饋的x%

$$\dfrac{100x}{10000+100x} \times 100 = 30$$ ⋯⋯⋯⋯⋯⋯⋯⋯⋯⋯⋯ **兩邊同時除以10**

$$\dfrac{100x}{10000+100x} \times 10 = 3$$

$$100x \times 10 = 3(10000 + 100x)$$ ⋯⋯⋯⋯⋯ **去掉分母**

$$1000x = 30000 + 300x$$ ⋯⋯⋯⋯⋯⋯⋯⋯ **兩邊計算**

$$1000x - 300x = 30000 + 300x - 300x$$ ⋯⋯⋯ **兩邊減去300x**

$$700x = 30000$$ ⋯⋯⋯⋯⋯⋯⋯⋯⋯⋯ **兩邊計算**

$$\dfrac{700x}{700} = \dfrac{30000}{700}$$ ⋯⋯⋯⋯⋯⋯⋯⋯⋯⋯ **兩邊除以700**

$$x = \dfrac{300}{7} \fallingdotseq 42.857\%$$

所以，相當於 30% 折扣的就是 42.857% 回饋點數。

同樣的，來算一下等同於 40% 折扣的點數回饋率 y % 吧！從前一頁的表可以知道，

$$\frac{100y}{10000+100y} \times 100 = 40 \quad \text{……………………} \quad \textbf{兩邊同時除以10}$$

$$\frac{100y}{10000+100y} \times 10 = 4 \quad \text{……………}$$

$$100y \times 10 = 4(10000+100y) \quad \text{……………} \quad \textbf{去掉分母}$$

$$1000y = 40000 + 400y \quad \text{……………} \quad \textbf{兩邊計算}$$

$$1000y - 400y = 40000 + 400y - 400y \quad \text{………} \quad \textbf{兩邊減去400}y$$

$$600y = 40000 \quad \text{……………} \quad \textbf{兩邊計算}$$

$$\frac{600y}{600} = \frac{40000}{600} \quad \text{……………………} \quad \textbf{兩邊除以600}$$

$$y = \frac{400}{6} \fallingdotseq 66.667\%$$

所以，相當於 40% 折扣的就是 66.667% 回饋點數。

再說明一下，點數回饋如果是當現金支付的話，那麼就等同於 100%(免費) 的折扣。誇張一點說，如用前一頁的方法來計算 90% 折扣，以及相同點數回饋率，竟會高達 900%。

點數回饋率超過 100% 的話，店家會賠錢，經營不下去。為此，**只要回饋點數超過 50% 就會導致營運困難**。這個例子也讓我們實際感受到，**折扣和點數回饋看起來似乎很像，其實還是有別**。

<table>
<tr><td>3</td><td>2</td><td>別用直覺回答容易錯的陷阱題，
要用方程式來思考</td></tr>
</table>

有些數學問題用直覺來回答容易錯誤，最好用方程式來解題。利用方程式來加強直覺，實際解題看看吧！

看電影時，電影票加果汁的套餐是 1500 日幣，電影票比果汁貴 1000 日幣時，那電影票是多少？

不加思索的話，會回答「電影票是 1000 日幣，果汁是 500 日幣」吧！其實，我也常會用直覺來回答。

答案是，**票是 1250 日幣，果汁是 250 日幣**，用直覺答對了嗎？答對的人真的太厲害了，但像我一樣答錯的人，就只能靠方程式來找答案了。把題目用表格來表示，請再想一遍。

電影票價格	果汁價格	套餐價格
?日幣	?日幣	1500日幣

貴1000日幣

我們把果汁價格設定為 x 日幣。那麼電影票的價格就是比果汁貴 1000 日幣，就變成是 $x + 1000$ 日幣。

電影票價格	果汁價格	套餐價格
$x+1{,}000$日幣	x日幣	1,500日幣

貴1000日幣

　　上面表格用方程式來表示，「電影票價格」＋「果汁價格」＝「套餐價格」，因此：

$$(x+1000)+x=1500$$
$$2x+1000=1500 \quad\cdots\cdots\cdots\cdots\cdots\cdots\text{左邊的 } x \text{ 相加}$$
$$2x+1000-1000=1500-1000 \quad\cdots\cdots\cdots\cdots\text{兩邊各減 1000}$$
$$2x=500$$
$$\frac{2x}{2}=\frac{500}{2} \quad\cdots\cdots\cdots\cdots\cdots\cdots\cdots\cdots\text{兩邊各除以 2}$$
$$x=250$$

　　果汁價格是 $x=250$ 日幣，那電影票的價格就是 $x+1000$ ＝ 1250 日幣。把數字填入前面的表格，結果就是

電影票價格	果汁價格	套餐價格
1250日幣	250日幣	1,500日幣

貴1000日幣

3 3 你真的了解房屋貸款的 支付總額怎麼算嗎？

　　日本目前 (2018 年 12 月) 的利率超低，應該有不少人在考慮「趁這個時機買房」吧！但大家所認為的「購買時機」真的是最好嗎？就連我在聽到低利率時，也去參觀過預售屋，但大家知道自己應該負擔多少貸款嗎？我們用數學來算算看。

　　假如是 3000 萬日幣，利率 1%，貸款期間是 35 年，支付總額就是 35,567,804 日幣。需要支付的利息超過 500 萬日幣，500 萬日幣以上的利息，很難說是「超低利率」吧！

　　接著就來介紹房屋貸款的計算方法，但要先知道一些用語的意思。房屋貸款所指的**利息**，代表的是「一整年的利息」，會以「年息」表示。譬如，定期存款 30 萬日幣，一個月後的利息就是：

$$300000 \times 1\% = 300000 \times 0.01 = 3000 \text{ 日幣}$$

還沒算完喔！

$$300000 \times \frac{1\%}{12} = 300000 \times \frac{0.01}{12} = 250 \text{ 日幣}$$

年息 1% 除以 12 個月，每一個月的利息就是 $\frac{1\%}{12}$，叫做月息。**房屋貸款是每一個月繳付的，所以用月息來計算。**如此一來：
1 個月後的還款餘額 = (1＋月息)× 貸款金額 － 每個月的還款金額

可以這樣表示：(1＋月息) 設定為 r，貸款金額為 M，每個月還款額是 a，那麼 1 個月後的還款餘額＝ rM–a。

● 2 個月之後的還款餘額

2 個月後的還款餘額

= (1＋月息) ×(1 個月後的還款餘額)– 每個月的還款金額

= $r(rM - a) - a$

= $r^2 M$–ra–a　　(= $r^2 M$–$a(r + 1)$)

用文字解釋的話：

> 2 個月後的還款餘額
>
> = (1＋月息)^2× 借款金額 –(1＋月息)× 每個月還款額 – 每個月還款額

35 年的貸款，總共要付 35×12 = 420 個月，我們來算算 420 個月之後的還款餘額。重複相同的計算，其算式如下。

● 420 個月後的還款餘額

420 個月後的還款餘額

$$= r^{420}M - a\left(r^{419} + r^{418} + \cdots + r^2 + r + 1\right)$$

$$= r^{420}M - \boxed{\dfrac{a\left(r^{420}-1\right)}{r-1}}$$

框起來的部分是**等比數列的和**的公式(計算請參照 43 頁)。420 個月後還款餘額變成 0，所以

$$0 = r^{420}M - \boxed{\dfrac{a(r^{420}-1)}{r-1}}$$

框框部分往左邊移，

$$\dfrac{a(r^{420}-1)}{r-1} = r^{420}M$$

然後兩邊再乘以 $\dfrac{r-1}{r^{420}-1}$

$$a = \dfrac{r-1}{r^{420}-1} \times r^{420}M = \dfrac{Mr^{420}(r-1)}{r^{420}-1}$$

用文字解釋的話，就是：

$$
\boxed{
\begin{aligned}
\text{每個月還款額} &= \frac{\text{借款額}\times(1+\text{月息})^{420}(1+\text{月息}-1)}{(1+\text{月息})^{420}-1}\\[2mm]
&= \frac{\text{借款額}\times\text{月息}\times(1+\text{月息})^{420}}{(1+\text{月息})^{420}-1}
\end{aligned}
}
$$

$$= \dfrac{30000000 \times \frac{0.01}{12} \times \left(1+\frac{0.01}{12}\right)^{420}}{\left(1+\frac{0.01}{12}\right)^{420}-1}$$

$$\fallingdotseq \dfrac{25000 \times 1.41886073121372}{1.41886073121372-1}$$

$$= \dfrac{35471.51828}{0.41886073121372} \fallingdotseq 84685$$

每一個月要還款 84,685 日幣，所以 420 個月 (35 年) 的還款

總金額是，84,685×420 = 35,567,700 日幣。

84,685 日幣是把小數點以下四捨五入，所以跟正確的總還款金額 35,567,804 日幣會有些微出入，但此誤差通常會在第一次或最後一次還款時進行調整。

然而，房屋貸款的分期需要特別注意的是，就算「3500萬日幣的負擔」好像很「沉重」，但分期付款的話，「每一個月只要負擔 8 萬 5000 日幣」，聽起來好像有辦法負荷。因為**再怎麼龐大的數字，只要透過除法，就變成了我們可以接受的數字**。這種現象會因「除法讓數字變小」而發生。

為此，有意選擇包含房屋貸款在內的各種分期付款，或是客製化分期付款時，**不能只看各期需支付的金額，一定也要確認支付的總金額。**

使用等比數列的和的公式計算

$$S = r^{419} + r^{418} + \cdots + r + 1 \quad (r \neq 1) \quad \cdots\cdots ①$$

兩邊乘以 r 倍，就是

$$rS = r^{420} + r^{419} + r^{418} + \cdots + r \quad \cdots\cdots ②$$

②減去①，就變成

$$rS - S = r^{420} - 1 \longleftrightarrow S(r-1) = r^{420} - 1$$

兩邊再用 $(r-1)$ 來除，

便求得 $S = \dfrac{r^{420}-1}{r-1}$

天才「高斯少年」是使用「方程式」能手

Column

　　230 多年前，在 1780 年代有一位少年，瞬間就能回答出老師出的問題，讓老師相當驚訝。之後這位少年成為偉大的數學家，也就是大家熟知的卡爾·弗里德里希·高斯。高斯回答老師的，就是下面的這個問題。

　　「把 1 到 100 所有數字（自然數）加總起來，一共是多少？」

　　高斯秒答「5050」。來說明一下，為何高斯能回答得這麼快？題目就是 1 到 100 的數字全部加總起來是多少，把答案設定為 x。

$x = 1 + 2 + 3 + \cdots + 98 + 99 + 100$

從此方程式的右側顛倒寫過來。

$x = 100 + 99 + 98 + \cdots + 3 + 2 + 1$

兩個算式加起來。

$$x = 1 + 2 + 3 + \cdots + 98 + 99 + 100$$
$$+\,)\,x = 100 + 99 + 98 + \cdots + 3 + 2 + 1$$
$$\overline{2x = 101 + 101 + 101 + \cdots + 101 + 101 + 101}$$

101 有 100 個

$2x = 101 \times 100$

$2x = 10100$ ·············· 計算右側

$\dfrac{2x}{2} = \dfrac{10100}{2}$ ··········· 兩邊除以 2

$x = 5050$

判斷最佳組合的
「二次函數」

拋出東西時所產生的圓弧線稱為拋物線，拋物線可用二次函數來表示。日常生活常會出現拋物線，也就是說，二次函數在生活當中隨處可見。讓我們來了解一下吧！

4-1 為何獨棟房子大多是「箱型（正方形）」呢？

提到「一生中買的最大商品」一般應該就是房子吧！房子是高價商品，一般人都想買到「便宜又寬敞」的房子。我們就來思考一下，「怎樣的房子平面圖看起來比較寬敞」。

看平面圖時，設定長、寬長度的總和是 16 公分。

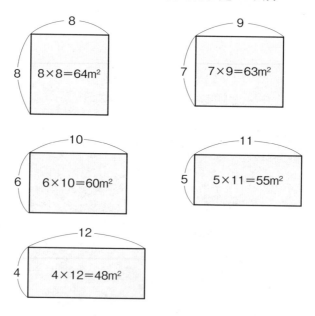

從這些例子可知，長、寬皆為 8 公分時，也就是**正方形的面積是最大的**。

實際計算看看，長度設定為 $x(m)$，寬度則是 $16 - x(m)$，因此建物的面積就是：

$$x(16-x) = 16x - x^2$$
$$= -x^2 + 16x = -(x^2 - 16x)$$
$$= -(x^2 - 16x + 64 - 64)$$
$$= -\{(x-8)^2 - 8^2\} \qquad ※ 利用 x^2 - 16x + 64 = (x-8)^2$$
$$= -(x-8)^2 + 64$$

所以，當下列情況出現時：

長度：$x = 8$
寬度：$16 - x = 16 - 8 = 8$

也就是說，**正方形（箱型）的面積是最大的**。近幾年，有不少的廉價住宅出現，而為了能買到「最寬敞」的房子，還是要仰賴數學。

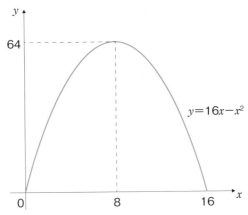

計算「BMI」的方法 跟二次函數的「最佳決策問題」相同

還記得二次函數的**最佳決策問題**嗎？

> y 與 x 的平方成正比，當 $x = 3$，$y = 18$。請寫成算式。

這樣的問題，應該是在國中三年級的數學課本第一次看到的吧？根據問題「y 與 x 的平方成正比」，所以

$$y = ax^2 \cdots ①$$

將 $x = 3$、$y = 18$ 代入，就可解出，

$$18 = a \times 3^2$$

$$18 = a \times 9$$

$$a = 2$$

再代入①，可得出：

$$y = 2x^2$$

這就是答案了。國中第一次接觸二次函數時，這是必須學的算式，或許有人質疑「會算這個能做什麼」吧？當時我也有同樣的想法。

但這個算式卻運用在令人意想不到的地方，那就是BMI(Body Mass Index)，也稱為身體質量指數的計算。

包括我在內，隨著年紀的增長，會越來越在意體重以及腰圍。做健康檢查時，聽到醫生說「注意體重，不要過胖」，就會開始瞎擔心「自己的體重真的在標準範圍內嗎」、「有沒有過重」。雖然可以從外觀判斷體格，但這卻是相當主觀的，要是有具體數據能做客觀判斷的話就更好了。這個時候，BMI就能派上用場。

BMI是由比利時數學家凱特勒，根據統計數據加以推算出來的：

$$體重\ (kg) \div 身高\ ^2(m)$$

可用上面算式得出結果。將「身高設為 x，體重設定為 y，BMI就是 a」。

$$a = y \div x^2 = \frac{y}{x^2}$$

兩邊同乘 x^2，得出：

$$ax^2 = y$$

這跟前面出現的二次函數的算式相同。換言之，**算 BMI 就跟解二次函數的最佳決策問題一樣。**

那麼，就來實際計算看看 BMI 吧！計算 BMI 時所使用的身高單位，並不是常用的公分 (cm) 而是公尺 (m)，所以要先換算單位。假如要算身高 150cm(單位換算成 m，就是 1.5m)、體

重 49.5kg 的人的 BMI，將 $x = 1.5$、$y = 49.5$ 代入，就能求出數字：

$$\text{BMI}(a) = 49.5 \div (1.5)^2$$
$$= \frac{49.5}{1.5^2} = \frac{33}{1.5} = 22$$

日本肥胖學會提出了 BMI 的標準，就統計數據來看，BMI 為 22 的人「較不易生病」。因此，標準的 BMI 值為 22。利用這個公式算出自己的理想 BMI 吧！ 160cm(單位換算成 m，等於 1.6m) 的人的標準體重是，$\text{BMI}(a) = 22$、$x = 1.6$ 代入計算，能算出。

$$\text{體重 }(y) = 22 \times (1.6)^2 = 56.32(\text{kg})$$

日本肥胖學會將 BMI 值低於 18.5 設定為體重過輕，而 BMI 為 18.5 以上，未滿 25 的設定為標準體重。請參照右頁的對照表。

一般來說，看 BMI 的圖表時會像圖表 1 一樣，有一部分會被省略，故很難把它跟二次函數做連結，但要是像圖表 2 完整呈現，那就能清楚了解 BMI 其實跟二次函數有關。

BMI 與肥胖的關係

狀態	體重過低	標準	體重過重 (1級)	體重過重 (2級)
BMI	18.5	22.0	25.0	30.0
150cm (1.50m)	41.6kg	49.5kg	56.3kg	67.5kg
155cm (1.55m)	44.4kg	52.9kg	60.1kg	72.1kg
160cm (1.60m)	47.4kg	56.3kg	64.0kg	76.8kg
165cm (1.65m)	50.4kg	59.9kg	68.1kg	81.7kg
170cm (1.70m)	53.5kg	63.6kg	72.3kg	86.7kg

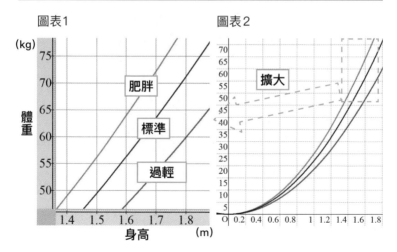

4 3 煙火的殘像就像「拋物線」

「咻—砰！！」

象徵夏天的風情，應該就是煙火吧！全國各地舉辦的煙火大會，吸引人們參加，熱鬧不已。如要詳細說明煙火放射的原理可能會太過專業，但基本上就跟投球與噴水的原理相同。

因此，煙火發射後產生的軌跡如下圖所示，應該是呈現拋物線，但我們看到的卻是圓形。下面就來探究煙火的神祕之處。

噴水呈現拋物線

煙火上升至空中爆裂後，假設是沒有重力的理想狀況，應該會出現像下一張圖般的圓形光環。

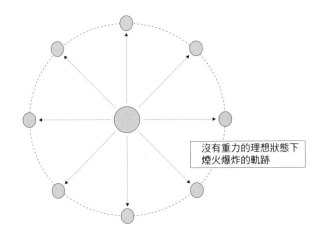

沒有重力的理想狀態下
煙火爆炸的軌跡

　　當然，地球是有重力的，當物體炸裂後會自然往下墜落。
但每一個物體往下墜落的距離是固定的，所以煙火整體形狀不
會變，仍呈現圓形。炸裂物體墜落時，觀察每一個墜落體可發
現，實際上是呈現拋物線的，如下頁的圖。

　　原理就是，重力加速度是 g，爆炸後的時間是 x，落下距
離為 y，就會有以下的二次函數算式：

$$y = \frac{1}{2} g x^2$$

　　對煙火的印象，就是逐漸擴大成圓形的神祕光環，但如果
盯著殘像看，就會看到拋物線。接著就來看看「殘像拋物線」
的有趣之處吧！

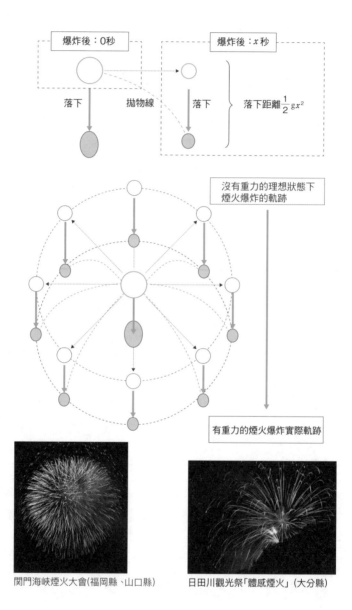

爆炸後：0秒

爆炸後：x秒

落下　　　拋物線

落下　　　落下距離 $\frac{1}{2}gx^2$

沒有重力的理想狀態下
煙火爆炸的軌跡

有重力的煙火爆炸實際軌跡

関門海峽煙火大會(福岡縣、山口縣)　　　日田川觀光祭「體感煙火」(大分縣)

4 4 重考補習班的拋物面天線和電暖器的共通點是？

　　過去我曾在重考補習班代代木研習會上過課，而且也曾擔任過講師，在那裡上課會利用「人造衛星」的通訊設備。只在東京開班的名師課程，全國各地卻都能夠上到課，這是一個非常棒的系統。代代木研習會的人造衛星天線跟 BS 以及 CS，同樣都使用**拋物面天線**（parabola antenna），而 parabola 就是**拋物線**的意思。

　　拋物線具有下述性質：和對稱軸平行的光或電波會反射於拋物面上，反射的**光線會集中於焦點**。

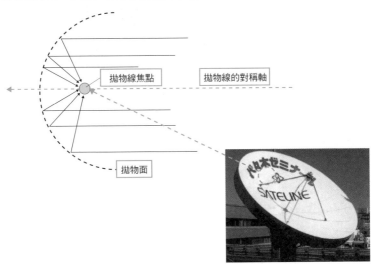

拋物線焦點　　拋物線的對稱軸

拋物面

提供：代代木研習會

拋物面天線是利用此原理將電波集中於一處，但也有其他物品，像是探照燈、車頭燈、電暖爐(鹵素電暖器、碳棒電暖器)等，則是利用相反的原理。它們都是利用反射板，不是讓光線擴散而是加強、集中照射在固定範圍。

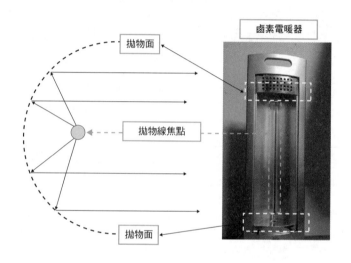

　　利用拋物線讓光線或電波能「更有效率的集中」並且「更有效率的照射」，這也同樣也與二次函數有關。我們周遭，也有其他地方會用到二次函數。稍微注意一下，或許會有意外的發現。

　　另外，**手電筒也是因上述特質而讓光線集中在一點不擴散**，但是**在緊急狀況時，有時也必須讓光線擴散**。這個時候就如圖1，將塑膠購物袋覆蓋在手電筒上面。只是塑膠購物袋如長時間覆蓋在手電筒上會過熱，要特別小心注意。而像圖2，

把裝了水的寶特瓶放在手電筒上面，同樣也能讓光線擴散。手電筒比較小的話，就像圖3那樣把手電筒放入玻璃杯裡，然後上面再放寶特瓶，也具有同樣效果，又或者像圖4，從寶特瓶上面拿手電筒照，也是可以的。

　　最近的智慧型手機也有「手電筒功能」，跟手電筒一樣，能讓光線擴散，但照明效果卻比手電筒差（圖5、圖6）。而且在緊急狀況發生時，智慧型手機會成為相當重要的聯絡工具，所以最好另外準備手電筒備用吧！長時間放置不用的話，電池會沒有電。因此最好同時準備只要在水裡就會開始放電的**水電池**。

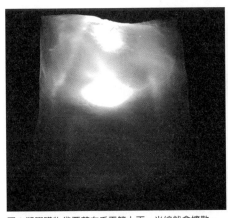

圖1 塑膠購物袋覆蓋在手電筒上面，光線就會擴散。

圖2 將裝水的寶特瓶放在手電筒上，光線也會擴散。

圖3 小手電筒可以放進玻璃杯,上面再放寶特瓶。

圖4 小手電筒插進寶特瓶的瓶口,使其穩定,讓光線照進瓶內,同樣也會擴散。

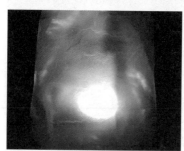

圖5 把塑膠購物袋覆蓋在具「手電筒功能」的手機上,光線雖會擴散但比較微弱。

圖6 將開了「手電筒功能」的手機放在寶特瓶後面照射,光線要比手電筒弱。

4–5 用一次函數表示「空走距離」，用二次函數表示「煞車距離」

　　每當迎接新的一年，各種活動以及工作使得生活更加忙碌，而交通事故的發生也有增加的趨勢，因此日本的交通單位提倡「春季全國交通安全運動」。各地方政府皆安排了「減速日」等多項倡導交通安全的活動。

　　之所以舉辦交通安全運動的原因，是因為汽車的行車速度越慢，踩煞車後到完全停止的距離會越短，也就相對安全。當然直覺上，車速越慢就越安全，但是「到底有多安全呢」，應該很難回答得出來吧！能讓汽車安全停下的距離，其實也隱藏著數學原理。接著就來看看有關讓汽車停下的數學原理吧！

　　駕駛為了踩煞車，腳要從油門踏板挪到煞車踏板，然後一直到煞車開始反應的時間就是**空走時間**，而這段時間車子行走的距離就是**空走距離**。而在煞車開始反應後，到汽車完全停止的距離叫做**煞車距離**。把空走距離以及煞車距離加總起來，就是**車輛停止的距離**。

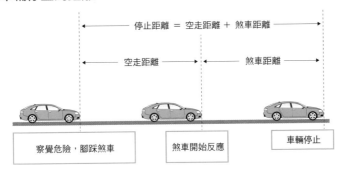

停止距離 ＝ 空走距離 ＋ 煞車距離

空走距離　　　　煞車距離

察覺危險，腳踩煞車　　　　煞車開始反應　　　　車輛停止

先從空走距離來思考吧！平均的空走時間是 0.75 秒。計算方法如下表。

空走時間	0.75秒
腳放開油門踏板的時間	0.4～0.5秒
腳放到煞車踏板的時間	0.2秒
踩踏板的時間	0.1～0.3秒

只要知道空走時間，就能具體求出空走距離。只不過，想要求空走距離就需要將單位，從時速換算成秒速。我們乘坐的汽車的計速器 (speedmeter) 是以時速○ km(1 小時行駛○ km) 來表示的。

但我們講行車距離時，也常會用秒速□ m(1 秒行駛 □ m)，因此將時速與秒速的替換表放在下一頁。利用其對應關係計算出，

$1km = 1000m$

$1 小時 = 60 分 = 60 \times 60 秒 = 3600 秒$

另外，時速與秒速也能用數學算式來表示，假設時速是 $x(km)$、秒速是 $y_1(m)$ 的話，能以下列算式來表示：

時速與秒速的關係

時速	秒速	算式
時速10km	秒速2.78m	10×1000÷3600＝2.77777…
時速20km	秒速5.56m	20×1000÷3600＝5.55555…
時速30km	秒速8.33m	30×1000÷3600＝8.33333…
時速40km	秒速11.11m	40×1000÷3600＝11.11111…
時速50km	秒速13.89m	50×1000÷3600＝13.88888…
時速60km	秒速16.67m	60×1000÷3600＝16.66666…
時速70km	秒速19.44m	70×1000÷3600＝19.44444…
時速80km	秒速22.22m	80×1000÷3600＝22.22222…
時速90km	秒速25.00m	90×1000÷3600＝25

$$x \times 1000 \div 3600 = y_1$$
$$\frac{x \times 1000}{3600} = y_1$$
$$y_1 = \frac{5}{18}\,x$$

（速度）×（時間）＝（距離），所以空走時間假設是 0.75，從下表可以求出空走距離。

每一時速的空走距離

時速	空走距離	算式
時速10km	2.08m	10×1000÷3600×0.75＝2.083333…
時速20km	4.17m	20×1000÷3600×0.75＝4.166666…
時速30km	6.25m	30×1000÷3600×0.75＝6.25
時速40km	8.33m	40×1000÷3600×0.75＝8.333333…
時速50km	10.42m	50×1000÷3600×0.75＝10.41666…
時速60km	12.50m	60×1000÷3600×0.75＝12.5
時速70km	14.58m	70×1000÷3600×0.75＝14.58333…
時速80km	16.67m	80×1000÷3600×0.75＝16.66666…
時速90km	18.75m	90×1000÷3600×0.75＝18.75

另外，也能用算式來表示時速與空走距離的關係。把時速設定為 x(km)，空走距離 y_2 (m) 的話，能以

$$x \times 1000 \div 3600 \times 0.75 = y_2$$

$$\frac{x \times 1000}{3600} \times \frac{3}{4} = y_2$$

$$y_2 = \frac{5}{24}\, x$$

來表示。時速與秒速的關係是一次函數，**空走距離則只是將秒速乘上 0.75 這個定數而已**，所以同樣也是一次函數。

如前面表格，以時速 60km 行駛的話，在腳踩煞車踏板前竟然前進了 12.5m，真是令人驚訝。實際上，這個空走距離還要加上煞車距離，所以到車輛完全停止之前的距離會再更遠一點。

接著來算煞車距離。重力加速度設定為 g＝9.8，摩擦係數為 μ，時速為 x(km)，煞車距離 y_3(m) 就是：

$$y_3 = \frac{1}{254.016\,\mu}\, x^2 \doteqdot \frac{1}{254\,\mu}\, x^2$$

詳細的計算方法稍後再說明。

乾掉的瀝青和水泥的平均磨擦係數 (μ) 是 0.75 的話，利用上面的算式計算，煞車距離則如下一頁上面的表格。

空走距離及煞車距離加總起來的數據，如下一頁下面的表格。參考此表格可知，時速 60km，停止距離會超過 30m。以此推估，車間距離至少需要 40m(時間大概是 3 秒鐘) 才可以。

每一時速的煞車距離

時速	煞車距離	算式
時速10km	0.56m	$10^2 \div (254.016 \times 0.7) = 0.56239\dots$
時速20km	2.25m	$20^2 \div (254.016 \times 0.7) = 2.24958\dots$
時速30km	5.06m	$30^2 \div (254.016 \times 0.7) = 5.06155\dots$
時速40km	9.00m	$40^2 \div (254.016 \times 0.7) = 8.99831\dots$
時速50km	14.06m	$50^2 \div (254.016 \times 0.7) = 14.05986\dots$
時速60km	20.25m	$60^2 \div (254.016 \times 0.7) = 20.24619\dots$
時速70km	27.56m	$70^2 \div (254.016 \times 0.7) = 27.55732\dots$
時速80km	35.99m	$80^2 \div (254.016 \times 0.7) = 35.99323\dots$
時速90km	45.55m	$90^2 \div (254.016 \times 0.7) = 45.55394\dots$

每一時速的停止距離（空走距離＋煞車距離）

時速	空走距離	煞車距離	停止距離
時速10km	2.08m	0.56m	2.64m
時速20km	4.17m	2.25m	6.42m
時速30km	6.25m	5.06m	11.31m
時速40km	8.33m	9.00m	17.33m
時速50km	10.42m	14.06m	24.48m
時速60km	12.50m	20.25m	32.75m
時速70km	14.58m	27.56m	42.14m
時速80km	16.67m	35.99m	52.66m
時速90km	18.75m	45.55m	64.30m

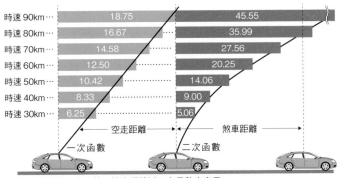

空走距離以一次函數，煞車距離以二次函數來表示

汽車駕訓班百般叮嚀「要遵守行車距離」的理由，就在於時速越快，行車距離要越遠。

● 煞車距離 y_3 的計算方法

求煞車距離之前要先做一項準備。將重力加速度設定為 g，汽車的質量設為 m。汽車施加於地面的力量稱為重力，以下列來表示：

（車的質量）×（重力加速度）＝ mg

如果只是汽車單方面施力於地面，那麼汽車就會陷入地面，發生難以挽回的災難。

為了避免此情形發生，地面會產生反作用力 (Normal force)，反向作用於汽車。將此關係換成算式，就是：

$N = mg$

反作用力 N

車的重力 mg

接著將動摩擦力設定為 f，動摩擦係數為 μ，車的加速度為 a，車速為 v，煞車開始反應時的速度（初速）為 v_0。

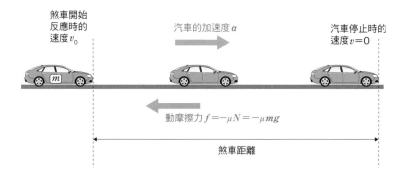

動摩擦力 f 是以 (動摩擦係數)x(反作用力) 算出的，所以

$$f = -\mu N = -\mu mg$$

而與加速度 a、且質量 m 的汽車所產生力量 (ma) 相互平衡時的條件是，

$$ma = -\mu mg$$

$$a = -\mu g$$

接著利用高中物理所學的公式 (要求的速度 v，初速 v_0，前進的距離 y_3)

$$v^2 - v_0^2 = 2ay_3$$

這次所求的速度 v 是停止速度，故 $v = 0$，算式如下：

$$0^2 - v_0^2 = 2 \times (-\mu g) \times y_3$$

$$-v_0^2 = -2\mu g y_3$$
$$y_3 = \frac{1}{2\mu g} v_0^2$$

物理等公式所出現的速度是「秒速 vm(vm/s)」，汽車計速器所表示的速度是「時速 $x$km($x$km/h)」，因此求時速 x(km) 以及秒速 v(m) 的關係式就是，

秒速 v(m)＝分速 $60v$(m)＝時速 $60\times60v$(m)＝時速 $3600v$(m)

＝時速 $3.6v$(km)

從上述關係可知 $x = 3.6v$、$v = \dfrac{1}{3.6} x$。

取重力加速度 $g = 9.8$，代入以下的①式，

$$y_3 = \frac{1}{2\mu g} v^2 \quad \cdots\cdots ①$$

$$= \frac{1}{2\mu \times 9.8} \times \left(\frac{1}{3.6} x \right)^2$$

$$= \frac{1}{19.6 \times 3.6^2 \mu} x^2$$

$$= \frac{1}{254.016\mu} x^2$$

依照書本的不同，有些是小數點以下四捨五入，大多會標示為：

$$y_3 = \frac{1}{254\mu} x^2$$

若取重力加速度 $g = 10$，則

$$y_3 = \frac{1}{2\mu g} v^2$$

$$= \frac{1}{2\mu \times 10} \times \left(\frac{1}{3.6} x \right)^2$$

$$= \frac{1}{20 \times 3.6^2 \mu} x^2$$

$$= \frac{1}{259.2\mu} x^2$$

計算之後，小數點部分四捨五入，就變成：

$$y_3 = \frac{1}{259\mu} x^2$$

不管是哪一個算式都一樣，把重力加速度 g 設定為 9.8，或是 10，計算結果都有些許差異。

4 6 頻繁變換車道的「搖擺駕駛」行為最糟糕！

2007 年，N700 系車輛導入新幹線時，有報導指出「N700 系跟舊型 700 系的不同之處，在於行駛彎道較多的東海道區間時，可以不必頻繁地減速，因此東京車站至新大阪車站的行車時間能夠縮短 5 分鐘左右」。

東京車站到新大阪車站的距離有 550km。這麼長的距離中，**減少降速次數而能縮短的時間只有 5 分鐘**，因此想藉由減少降速次數來縮短時間可能有點困難。

同樣地，頻繁轉換車道，希望能減少降速次數的搖擺駕駛，如果在紅綠燈較多的道路，應該省不了太多的時間。加快速度或許會有縮短時間的錯覺，但假設搖擺駕駛讓你省了 5 秒鐘，可是遇到一次 30 秒的紅燈，那麼搶快的 5 秒鐘就沒太大意義了。從這個例子可知，對縮短時間會產生影響的，應該是**停車次數、停車時間**。

冷靜地想想，**搖擺駕駛並不能省下多少時間**，但一般駕駛卻還是會如此做。原因或許在於大家都認為「搖擺駕駛能節省時間」，以及對其造成的危險性缺乏認識。

只要實際算出超車需要的距離及時間等具體數字，應該就會明白此行為要比想像中的危險。透過下面的例子，試算出車輛超車所需的距離以及時間。相信各位更能警覺到交通安全的重要性。

車輛以時速 50km 的速度前進，試算出以時速 70km 超車所需的時間 (t) 及距離 (X)。假設兩台車的長度各是 5m。

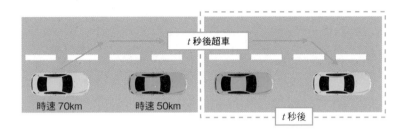

首先，將時速 x(km) 換算成秒速 v(m)。換算方法如 66 頁所列，利用

$$v = \frac{1}{3.6}x$$

時速 50km 時，代入「x = 50」，就會變成：

$$(秒速)v = \frac{1}{3.6} \times 50 = \frac{50}{3.6} = \frac{500}{36} = \frac{125}{9} \ (m)$$

時速 70km 時，代入「x = 70」，就會變成：

$$(秒速)v = \frac{1}{3.6} \times 70 = \frac{70}{3.6} = \frac{700}{36} = \frac{175}{9} \ (m)$$

車間距離為 A，將汽車以時速 50km 前進的距離設為 y，位置關係圖如下。

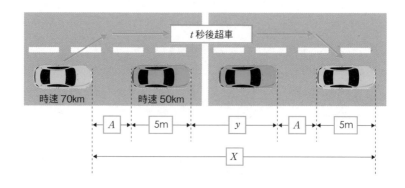

此關係如以算式表示的話，則為：

$$X = A + 5 + y + A + 5 = 2A + 10 + y$$

時速 70km $\left(\text{秒速 } \dfrac{175}{9}\text{ m}\right)$ 的車輛前進 t 秒後的距離 X 是從「速度×時間」而來的，所以會是：

$$X = \frac{175}{9}t$$

時速 50km $\left(\text{秒速 } \dfrac{125}{9}\text{ m}\right)$ 的車輛前進 t 秒後的距離 y 是從「速度×時間」而來的，所以就是：

$$y = \frac{125}{9}t$$

時速 70km 時，因停止距離是 42.14m（參考 63 頁下方表格），所以將車間距離 A 設定為 50m，代入 $X = 2A + 10 + y$，就會是：

$$\frac{175}{9}t = 2 \times 50 + 10 + \frac{125}{9}t$$

$$\frac{50}{9}t = 110$$

$$50t = 990$$

$$t = 19.8$$

從結果來看，以時速 70km 行駛的車輛為了要超越時速 50km 的車輛，起碼需要花費 20 秒。而且此時行駛的距離會是：

$$\frac{175}{9} \times 19.8 = 385(\text{m})$$

要超車起碼要有這樣的距離。當然縮短車間距離，或是超車時加快速度，距離是可以再縮短一些的，只是會更加危險。

　　請參考下表，列出以時速 80km 或是 90km 的速度，超越以時速 50km 行駛車輛時所需的時間及距離。時速越快，車間距離就必須越遠，因此超車距離至少需要 300m 以上。即使搖擺駕駛也無法省下太多的時間，而且勉強超車通常是引起車禍的原因，希望大家能小心開車。

	車間距離設定	超車時間	超車距離
時速70km	50m	19.8秒	385m
時速80km	60m	15.6秒	346.6666m
時速90km	70m	13.5秒	337.5m

我喜歡搭乘新幹線的「KODAMA」往來於博多車站及小倉車站之間。博多車站與小倉車站的距離有 67.2km，其實不管是搭「NOZOMI」、「HIKARI」還是「KODAMA」（九州新幹線則是「MIZUHO」、「SAKURA」、「TSUBAME」），中途都不會停靠，因此行駛時間並沒有差太多。

　　常有人問「搭 NOZOMI、HIKARI、KODAMA、MIZUHO、SAKURA、TSUBAME 哪一台比較快抵達」，其實不論是搭哪一種，頂多就只差 16 ～ 17 分鐘而已。

　　而且長距離路線的話，停靠站是同樣的，所需時間並不會差太多。譬如岡山車站到新大阪車站的距離約 180km，搭乘「SAKURA」和「NOZOMI」所需的時間都是 45 分鐘。

　　過去我對「NOZOMI 跟 KODAMA 的速度差不多，但為何需要時間卻差那麼多」抱有疑問，所以從博多車站搭「KODAMA」去新大阪車站，希望能找出原因。搭「KODAMA」的時間較長，所以發現「停靠車站後再出發耗費了不少時間」。最久的停靠時間是在岡山車站，停了 26 分鐘。

　　「NOZOMI」和「KODAMA」在行駛博多車站到新大阪車站時，**停車時間大約相差了 100 分鐘**。換句話說，KODAMA 並不是慢，而是「停靠站多，停車時間太長才花費了較多的時間」。

第5章

「指數」、「對數」
能讓極大極小數字做比較

隨著人類的進化，所接觸到的數字也變得越來越大。就像長篇大論需要摘要，龐大的數字也需要有簡約它的方式。此時，指數、對數登場了。請欣賞被指數、對數簡化過的精巧世界吧！

5-1 讓「約 600000000000000000000000」一目了然的表現方式

看到「約 600,000,000,000,000,000,000,000」，你馬上就知道這是什麼嗎？

這是高中化學所學的**亞佛加厥常數**，0 實在是太多了，讓人搞不清楚。那麼加上逗號，標示出位數的話，是不是比較容易懂呢。0 實在太多了，依然是看不懂。日本會使用「個十百千萬億兆…」的單位，但因為平常不會接觸，所以就算寫了約六千垓 (約 6000 垓) 也感受不到這數字究竟有多大。

如亞佛加厥常數，比平常我們接觸的，要大上非常多的數字，因為不熟悉所以很難理解。而幫助我們將日常不會用到的數字，轉換成日常用得上的數字的工具，就是**指數、對數**。

如果是指數，約 600,000,000,000,000,000,000,000 就是 0 有 23 個，所以可以寫成

約 $600,000,000,000,000,000,000,000 = $ 約 6×10^{23}

像這樣，將數字「簡化表示」的就是指數。

另外，還有更簡單的方法。約 600,000,000,000,000,000,000,000 的數有 23 個 0，將「就把 23 當作答案」的想法就是對數。亞佛加厥常數 6×10^{23} 是 24 位數，像這樣「從數字的位數去思考」也能幫助我們了解。

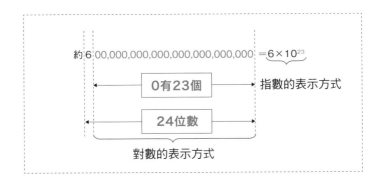

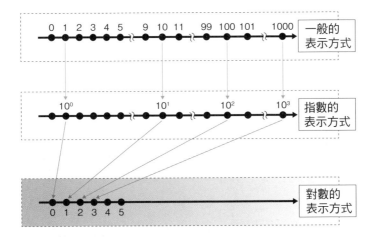

　　網際網路搜尋公司中，以 Google 最為有名。Google 公司名稱的由來，聽說是其創始人之一，賴利・佩吉誤將**古戈爾 (googol) 此龐大自然數的拼音拼錯**而來的。現在要搜尋「googol」時，反而會被問「是不是要搜索 google 呢」，可見它有名的程度。1 古戈爾是 10^{100}(10 乘以 100 次)。

原本要寫 100 個 0 的，那就要寫成

「10,000, 000, 000, 000, 000, 000, 000, 000, 000, 000, 000, 000, 000, 000, 000, 000, 000, 000, 000, 000, 000, 000, 000, 000, 000, 000, 000, 000, 000, 000, 000, 000, 000, 000, 000, 000, 000 」

非常遺憾的，日本使用的數字單位當中，最大的無量大數也只有 10^{68}，遠遠不及 10^{100}。現在功能強大的電腦非常普及，可能會處理到如此龐大的數字，因此需要像指數這樣能簡化數字的機率也大大增加。日本原有的數字單位如下表。

一	10^0		溝	10^{32}
十	10^1		澗	10^{36}
百	10^2		正	10^{40}
千	10^3		載	10^{44}
萬	10^4		極	10^{48}
億	10^8		恆河沙	10^{52}
兆	10^{12}		阿僧祇	10^{56}
京	10^{16}		那由他	10^{60}
垓	10^{20}		不可思議	10^{64}
秭	10^{24}		無量大數	10^{68}
穰	10^{28}			

「千(kilo)」、「厘(centi)」、「毫(milli)」等
常用單位也藏有指數

　　前面介紹了讓龐大數字簡化的方法，其中之一是指數，但
或許你會懷疑「應該沒有機會使用指數讓數字簡化」吧。不過
指數當中，有些指數過度簡化以至於不太容易被發現。那就是
公分 (cm)、毫克 (mg) 等單位前面的厘、毫等。

　　譬如前面計算 BMI 時，需要把身高的公分換算成公尺。
因此，要換算單位：

$$150cm = 1.5m$$

此單位換算是大家所熟知的，故中間的計算就省略，原本單位
換算也需要算式的。如果將計算過程完整列出，centimeter (cm)
的厘 (c) 是以「10^{-2} 倍 ($\times 10^{-2}$)」來表示。所以

$$150cm = 150 \times 10^{-2}m = 150 \times 0.01m = 1.5m$$

從算式可知，只有省略掉 　　　　　　　 的部分，其實我們平時就
會接觸到指數。除了此例之外，其他也有像是時速與分速的單
位換算等例子：

$$1km = 1000m$$

因為公里 (km) 的 k(kilo) 是「10^3 倍 ($\times 10^3$)」的標示記號，所以

$$1km = 1 \times 10^3 m = 10^3 m = 1000m$$

我們常會把公里換算成公尺，像在房屋仲介等的廣告經常可看到「走路到車站約 10 分鐘」，這是以「徒步的分速為 80m」來計算的。利用此關係來計算 1 小時 (60 分鐘) 的步行，就會是：

$$80 \times 60m = 4800m = 4.8 \times 1000m = 4.8 \times 10^3 m = 4.8km$$

徒步的時速是 4.8km。

再舉另一個例子，營養飲料的外包裝上標記的「牛磺酸 1000mg 調配」中的毫 (m,milli) 是「10^{-3} 倍 ($\times 10^{-3}$)」的標示記號，所以能這樣換算單位：

$$1000mg = 1000 \times 10^{-3}g = 1000 \times 0.001g = 1g$$

從這些例子可知，平時習慣的用語也隱藏了指數。身邊可見，隱藏了指數的記號整理如下。

名稱	記號(英語)	10^n
佑	Y (Yotta)	10^{24}
皆	Z (Zetta)	10^{21}
艾	E (Exa)	10^{18}
拍	P (Peta)	10^{15}
兆	T (Tera)	10^{12}
吉	G (Giga)	10^9
百萬	M (Mega)	10^6
千	k (kilo)	10^3
百	h (hecto)	10^2
十	da (deca)	10^1
分	d (deci)	10^{-1}
厘	c (centi)	10^{-2}
毫	m (milli)	10^{-3}
微	μ (micro)	10^{-6}
奈	n (nano)	10^{-9}
皮	p (pico)	10^{-12}
飛	f (femto)	10^{-15}
阿	a (atto)	10^{-18}
介	z (zepto)	10^{-21}
攸	y (yocto)	10^{-24}

5 3 利用「指數函數」就能拍到「都沒人閉眼的團體照」

　　讓人會心一笑的**搞笑諾貝爾獎**，因模仿諾貝爾獎而聞名，與真正的諾貝爾獎不同的是，**它有數學獎**。我們就來介紹獲得 2006 年搞笑諾貝爾獎數學獎的「Blink-free photos, guaranteed(拍張沒有人閉眼的照片)」。

　　拍團體照時，常會有人不小心眨眼睛，而這個研究就是為了要導出「需要拍多少張才能拍出沒有人閉眼的照片」公式而做的實驗。

　　把團體照的人數設為 n，把因為有人眨眼而浪費掉的時間設為 t，假設眨眼次數為 x，那麼要拍出沒有人眨眼的照片，只要拍

$$\frac{1}{(1-xt)^n} （次）$$

就可以了。

　　此公式能算出「拍好的照片所需的次數」。那麼假設這個公式是成立的，那麼請想想「只拍一個人」會是如何。條件是：

「人一分鐘眨眼的次數 (＝ 60 秒鐘) 是 20 次左右」以及

「平均眨眼的時間是 300 毫秒 (= 0.3 秒)」

　　在光線明亮的地方拍照，按下相機快門的時間「約 8 毫秒」，在光線暗的地方拍照，按下相機快門的時間則是「約 125 毫秒」，加上「眨眼時間」後，設定「因眨眼而浪費掉的拍照時間 (t)」，然後簡化成「因眨眼而浪費掉的拍照時間 (t) ＝眨眼時間」。由條件得知，

假設 1 秒鐘的眨眼次數是 $\dfrac{20}{60} = \dfrac{1}{3}$ (次)

所以按下相機快門時，眨眼的機率就是：

(眨眼預設次數：x)×(眨眼時間：t)
$= \dfrac{1}{3} × 0.3 = 0.1$

按下快門時沒眨眼的機率，則是從整體的 1(＝ 100%) 減去，

$1 - xt$
$= 1 - 0.1 = 0.9 = (90\%)$

從此結果得知，要拍到沒有眨眼照片的所需次數是：

$$\dfrac{1}{1 - xt}$$

$$= \frac{1}{0.9} = \frac{10}{9}$$

$$= 1.11111\cdots \text{（次）}$$

因此，只拍一個人的話，大概一兩次就可以拍好。

人數越多，9 個人、12 個人、15 個人…，就要用 $n = 9$、$n = 12$、$n = 15$ 來計算。實際來算算看吧！

● 9個人一起合照($n = 9$)

$$\frac{1}{(1-xt)^9}$$

$$= \frac{1}{0.9^9}$$

$$= \frac{1}{0.387420489\cdots}$$

$$= 2.5811747917\cdots$$

由此可知，大概拍三張就可以了。

● 12個人一起合照($n = 12$)

$$\frac{1}{(1-xt)^{12}}$$

$$= \frac{1}{0.9^{12}}$$

$$= \frac{1}{0.2824295365\cdots}$$

$$= 3.5407061614\cdots$$

大概拍四張就可以了。

● 15 個人一起合照 (n = 15)

$$\frac{1}{(1-xt)^{15}}$$

$$= \frac{1}{0.9^{15}}$$

$$= \frac{1}{0.205891132\cdots}$$

$$= 4.8569357496\cdots$$

差不多拍五張就好了。

其實在「Blink-free photos, guaranteed」論文中，也提到了以前面公式為基礎，能更簡單算出「要拍幾張才可以」的方法。

● 20 人以下的團體照
團體照人數 ÷ 3 (但在光線較暗處的團體照，人數 ÷ 2)。
例
9 人：9 ÷ 3 = 3 (張)
12 人：12 ÷ 3 = 4 (張)
15 人：15 ÷ 3 = 5 (張)
大概只要拍上面計算出的張數，就能拍到沒人眨眼的照片。這是從數據所導出的有趣公式，只要拍足這些張數，就可以拍到充滿回憶的照片了。

只要用「方程式」
就能拆穿「老鼠會」騙局

具體計算「老鼠在一定期間內可以繁殖多少」的方法叫做**鼠算**，而利用此原理進行犯罪的稱為**老鼠會（層壓式推銷）**。

吸引你加入老鼠會的說法，「每一個月介紹兩位新會員入會。之後入會的兩名會員會各再介紹另外兩位新會員入會，這些新會員的入會費中的一部分會當作是介紹費，匯入你的戶頭。這樣就能夠賺到錢喔」。讓人覺得「每一個月只要介紹兩個人入會，應該不會太難」而加入，這就是老鼠會設下的圈套。

但你知道嗎？這種勸誘模式**遲早會露出破綻的**。接著就來計算它是哪裡有破綻吧。每一個月介紹兩名新會員，會員就會以下圖方式增加。

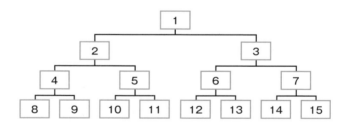

就算第一個月的會員數只有一名，而這一名會員會介紹兩名會員，所以第二個月的會員數就是 $1 + 1 \times 2 = 1 + 2 = 3$。上圖是到第四個月為止的會員數。

會員數總計是由第二個月的兩位新入會員，再分別找另外兩位新會員，所以就是 $1＋2＋2×2＝1＋2＋4＝7$。

會員數總計是由第三個月的四位新入會員，再分別找另外兩位新會員，所以就是 $1＋2＋4＋4×2＝1＋2＋4＋8＝15$。

會員數總計是由第四個月的八位新入會員，再分別找另外兩位新會員，所以是 $1＋2＋4＋8＋8×2＝1＋2＋4＋8＋16＝31$。

會員數總計是由第五個月的十六位新入會員，再分別找另外兩位新會員，所以就是 $1＋2＋4＋8＋16＋16×2＝1＋2＋4＋8＋16＋32＝63$。

以此方式增加，就會如下頁表格，在第二十七個月時，入會的會員便超過 1 億 3400 萬人，已經超過日本的總人口數了。但實際上，不可能勸誘超過日本總人口數的人入會，勸誘並不會那麼順利。

不只是老鼠會而已，要是你疏忽，以為「自己不會遇到電子郵件詐欺」或「那種老套的詐欺手法我才不會上當」的話，詐欺可是隨時會找上門的。

我就遇到過「電子郵件詐欺」跟「老鼠會」，**一旦自己成為當事人，就很容易感到焦慮，以致無法冷靜判斷**。為了在事情發生當下，能冷靜做出判斷，那麼事前就要清楚了解「為何這麼好康的事是不可能發生的」。

	勸誘人數	算式
第一個月	1	1
第二個月	$3(=2^2-1)$	$1+2$
第三個月	$7(=2^3-1)$	$1+2+4$
第四個月	$15(=2^4-1)$	$1+2+4+8$
第五個月	$31(=2^5-1)$	$1+2+4+8+16$
第六個月	$63(=2^6-1)$	$1+2+4+8+16+32$
第七個月	$127(=2^7-1)$	$1+2+4+8+16+32+64$
第八個月	$255(=2^8-1)$	$1+2+4+8+16+32+64+128$
第九個月	$511(=2^9-1)$	
第十個月	$1023(=2^{10}-1)$	
第十一個月	$2047(=2^{11}-1)$	
第十二個月	$4095(=2^{12}-1)$	
第十三個月	$8191(=2^{13}-1)$	
第十四個月	$16383(=2^{14}-1)$	
第十五個月	$32767(=2^{15}-1)$	
第十六個月	$65535(=2^{16}-1)$	
第十七個月	$131071(=2^{17}-1)$	
第十八個月	$262143(=2^{18}-1)$	
第十九個月	$524287(=2^{19}-1)$	
第二十個月	$1048575(=2^{20}-1)$	
第二十一個月	$2097151(=2^{21}-1)$	
第二十二個月	$4194303(=2^{22}-1)$	
第二十三個月	$8388607(=2^{23}-1)$	
第二十四個月	$16777215(=2^{24}-1)$	
第二十五個月	$33554431(=2^{25}-1)$	
第二十六個月	$67108863(=2^{26}-1)$	
第二十七個月	$134217727(=2^{27}-1)$	

5 5 報紙對折「100 次」會有多厚？

　　思考難以想像的事物時，最好用的「工具」就是數學。我們來想想，要是「報紙對折 100 次會有多厚」這個問題吧！

　　報紙一張的厚度是 0.05mm 的話，

對折一次，$0.05\text{mm} \times 2 = 0.1\text{mm}$
對折兩次，$0.05\text{mm} \times 2^2 = 0.1 \times 2\text{mm}$
對折三次，$0.05\text{mm} \times 2^3 = 0.1 \times 2^2\text{mm}$
對折四次，$0.05\text{mm} \times 2^4 = 0.1 \times 2^3\text{mm}$
對折五次，$0.05\text{mm} \times 2^5 = 0.1 \times 2^4\text{mm}$

對折一百次，$0.05\text{mm} \times 2^{100} = 0.1 \times 2^{99}\text{mm}$
對折 n 次，$0.05\text{mm} \times 2^n = 0.1 \times 2^{n-1}\text{mm}$

　　如果用電腦計算 2^{99}，可得出大約是 6.338252×10^{29}(正確數字是 633,825,300,114,114,700,748,351,602,688)。$1\text{mm} = 0.001\text{m} = 10^{-3}\text{m}$，所以折 100 次的厚度是：

$$0.1 \times 2^{99}\text{mm} = 0.1 \times 6.338253 \times 10^{29}\text{mm}$$
$$= 10^{-1} \times 6.338253 \times 10^{29} \times 10^{-3}\text{m}$$
$$= 6.338253 \times 10^{25}\text{m}$$

　　富士山的高度是 $3776\text{m} = 3.776 \times 10^3\text{m}$，聖母峰的高度是

8848m $= 8.848 \times 10^3$m，所以遠遠不及折 100 次報紙的厚度。那跟離地球相當遙遠的月球、太陽、海王星的距離相比又如何呢？

到月球的距離：約 384,400,000m $= 3.844 \times 10^8$m
到太陽的距離：約 149,600,000,000m $= 1.496 \times 10^{11}$m
到海王星的距離：約 4,600,000,000,000m $= 4.6 \times 10^{12}$m

因此，不只是月球、太陽而已，連海王星到地球的距離都比不上報紙對折 100 次的厚度。對於如此遙遠的距離，通常會使用光年來譬喻。光的速度是秒速 299,792,458m，所謂的 1 光年，就是以光的速度前進一整年的距離。具體計算如下，

光速＝秒速 299,792,458m
＝分速 299,792,458m $\times$ 60 $=$ 17,987,547,480m
＝時速 17,987,547,480 $\times$ 60 $=$ 1,079,252,848,800m
＝一天前進的距離 1,079,252,848,800m $\times$ 24
＝25,902,068,371,200m
＝一年前進的距離 (1 光年)25,902,068,371,200m $\times$ 365.25
＝ 1 光年 9,460,730,472,580,800m ≒ 1 光年 9.46×10^{15}m

光以難以置信的速度前進，故「抵達月球只要 1.3 秒，到太陽也只需要 8 分 19 秒」。實際計算就可知，

月球：3.844×10^8m $\div$ 299792458 $=$ 1.282220382 ≒ 1.3 秒
太陽：1.496×10^{11}m $\div$ 299792458 $=$ 499.0118864 ≒ 499 秒
　　　$=$ 8 分 19 秒

那麼 1.3 秒就能到達月球，8 分 19 秒就可到太陽的光速，要多久時間才能抵達相當於對折 100 次的報紙厚度的距離呢，我們來計算一下：

$$6.338253 \times 10^{25}\text{m} \div 9.46 \times 10^{15} \fallingdotseq 6{,}700{,}056{,}025 \fallingdotseq 6.7 \times 10^{9}$$

10 億 $= 10^{9}$，因此 6.7×10^{9} 是 67 億年。光線要花 67 億年才能到達的距離……完全無法想像，沒有盡頭的距離。

下一頁中整理了，對折報紙就能「超越」的物體（只標記整數）。

東京鐵塔只要對折 23 次，東京晴空塔 24 次，富士山 27 次，全馬的距離也只要對折 30 次就能超越，到月球的距離則是對折 43 次就能抵達。想像一下：只要對折 20 多次就能超越世界有名的建築物或山岳，而對折 30 多次就可超越馬拉松及鐵人三項的距離？真的很難想像，對折數十次就可以超越那麼多物體。

如前面所提，認真去算 2^{99} 的答案是方法之一，但也有比較簡易的方法。這個方法就是**對數**。我們再複習一下對數吧！

對數就是像 2^{99} 右上方的 99 般，只取出數字右上方的 99，也就是「指數部分」，把焦點放在「乘的次數」。對數的概念是在 16 世紀末登場的。當時是既沒有電腦也沒有計算機（桌上型電子計算機）的時代，因此，光是要計算：

$$2^{99} = 633{,}825{,}300{,}114{,}114{,}700{,}748{,}351{,}602{,}688$$

就很不得了了。但在當時，只取指數部分來粗略計算的對數，已普遍用於航海術、天文學等領域。因此這堪稱是歐洲三大發現之一，相當先進的想法。接下來，就來實際體驗對數的奇妙吧！

次數	報紙高度(距離)	比較物	比較物高度(距離)
1次	0.0001m	—	—
10次	0.0512m	—	—
20次	52m	法國凱旋門	50m
21次	105m	比薩斜塔	56m
		自由女神像	93m
22次	210m	吉薩大金字塔	139m
		Mode學園螺旋塔	170m
23次	419m	阿倍野Harukas	300m
		艾菲爾鐵塔	324m
		東京鐵塔	333m
24次	839m	東京晴空塔	634m
		哈里發塔	828m
25次	1,678m	吉達塔(王國塔)	1,100m (預計)
26次	3,355m	北岳(日本第二高峰)	3,193m
27次	6,711m	富士山	3,776m
28次	13,422m	聖母峰	8,848m
29次	26,844m	奧林帕斯山(火星)	21,229m
30次	53,687m	馬拉松距離	42,195m
31次	107,374m	100km行軍	100,000m
32次	214,748m	環勃朗峰超級越野耐力賽(UTMB)、美國超級馬拉松	161,000m (161km)
33次	429,497m	鐵人三項	225,995m
		斯巴達馬拉松	245,300m (245.3km)
		日本至強超馬	415,000m (415km)
34次	858,993m	砲彈飛車、東京大阪間腳踏車競賽	550,000m (550km)
35次	1,717,987m	鈴鹿1000km	1,000,000m
		本州縱走青森~下關 1521km競走	1,521,000m
37次	6,871,947m	月球直徑	3,474,300m
38次	13,743,895m	地球直徑(赤道面)	12,756,274m
39次	27,487,791m	萬里長城(總長)	21,196,180m
40次	54,975,581m	地球圓周(赤道面)	40,077,000m
43次	439,804,651m	地球到月球的距離	384,400,000m
52次	225,179,981,369m	地球到太陽的距離	149,600,000,000m
57次	7,205,759,403,793m	地球到海王星的距離	4,600,000,000,000m

首先，從對數的計算方式開始吧！譬如，

$2^x = 1$ 的話，$x = 0$
$2^x = 2$ 的話，$x = 1$
$2^x = 4$ 的話，$x = 2$

那麼，如果說 $2^x = 3$ 的話，$x = ?$

很難簡單表示吧。無法簡單表示時，數學家就會創造出能簡單表示的符號。2^x 的 x，也就是能把指數部分單獨出來的符號，這就是對數 (英文是 logarithm、簡略為 log)。

$2^x = 3$ 的 x，以 $\log_2 3$ 來表示。

換言之，$\log_2 3$ 就是表示 2 要乘多少 (要乘幾次) 才會變成 3 的數值。其他也有與對數有關的例子。

「$2^x = 1$ 的話，$x = 0$」所以要讓 2 變成 1 就要乘以 0 次，$\log_2 1 = 0$。

「$2^x = 2$ 的話，$x = 1$」所以要讓 2 變成 2 就要乘以 1 次，$\log_2 2 = 1$。

「$2^x = 4$ 的話，$x = 2$」所以要讓 2 變成 4 就要乘以 2 次，$\log_2 4 = 2$。

「$2^x = 8$ 的話，$x = 3$」所以要讓 2 變成 8 就要乘以 3 次，$\log_2 8 = 3$。

另外，對數也能列出像「$\log_{10}2^n = n\log_{10}2$」的變形算式。
為了要知道「2^{99}」的數字有多大，試著用對數來計算吧。

$\log_{10}2 = 0.3010$，而 $10^{0.8} ≒ 6.3$，則

$\log_{10}2^{99} = 99\log_{10}2 = 99 \times 0.3010 = 29.799 ≒ 29.8$

從此算式可知，「2^{99}」等於 10 乘以 29.8 次的數，也就能
迅速算出，

$2^{99} ≒ 10^{29.8}$

$10^{0.8} ≒ 6.3$，所以

$2^{99} ≒ 10^{29.8} = 10^{29} \times 10^{0.8} ≒ 6.3 \times 10^{29}$

地震「規模8」和「規模9」差很多

地震是地底岩層因板塊運動而累積某些能量，等累積到一定的量之後就會釋放出來，使得地殼破裂。

地震發生時，我們能從新聞報導聽到兩個用詞，那就是**震度**以及**地震規模**。震度是指全國的地震觀測站所測出**搖晃程度**的數值。而地震規模則是**以指數來表示**震源地所釋放出的地震能量數值。

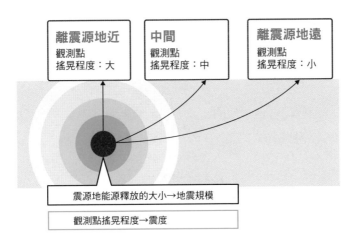

離震源地近	中間	離震源地遠
觀測點 搖晃程度：大	觀測點 搖晃程度：中	觀測點 搖晃程度：小

震源地能源釋放的大小→地震規模

觀測點搖晃程度→震度

以對數表示地震規模的理由，是因為地震發生時，直接以數字表示能量的話，可能會出現我們想都想不到的龐大數值。譬如聽到「此次地震所釋放的能量約 200 萬 (焦耳)」或「約

6300 萬（焦耳）」有何感覺？兩個數字都很大，應該可以想像地震規模之大。但將它們換算成地震規模的話，則相當於 1 或是 2，故直接以地震釋放的能量來表示地震強度並不妥。

要是利用**指數**，以便簡單的表示，像是 2×10^6 或 63×10^6，又是如何呢？這似乎也不太容易理解。想直接用數字來表示像地震釋放能量這種龐大的數字，真的很難有共鳴。此時，**變換成我們所熟悉的對數才是最適當的**。

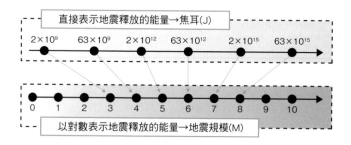

下面介紹地震規模的公式。將地震能量設為 E，地震規模設為 M，其關係公式是：

$$\log_{10} E = 4.8 + 1.5 \times M$$

實際計算會得出下頁表格。

根據表格可知，地震規模往上升 1 級，能量會增強 $10\sqrt{10}$ 倍（約 32 倍），上升 2 級則是 1,000 倍，上升 3 級就是 $10^4\sqrt{10}$ 倍（約 31,623 倍），4 級則是 1,000,000 倍（100 萬倍）。變化如此之大，

地震規模及其能量

M	能量(焦耳)	日本標記方式	次方標記
1	1,995,262	約200萬焦耳	2×10^6
2	63,095,734	約6300萬焦耳	63×10^6
3	1,995,262,315	約20億焦耳	2×10^9
4	63,095,734,448	約630億焦耳	63×10^9
5	1,995,262,314,969	約2兆焦耳	2×10^{12}
6	63,095,734,448,019	約63兆焦耳	63×10^{12}
7	1,995,262,314,968,880	約2000兆焦耳	2×10^{15}
8	63,095,734,448,019,300	約6京3000兆焦耳	63×10^{15}
9	1,995,262,314,968,870,000	約200京焦耳	2×10^{18}
10	63,095,734,448,019,300,000	約6300京焦耳	63×10^{18}

與地震規模 1 比較

M	與地震規模1比較	能量(焦耳)
1	$10^0 = 1$倍	1,995,262
2	$10^{1.5} = 10\sqrt{10} \fallingdotseq 32$倍	63,095,734
3	$10^3 = 1,000$倍	1,995,262,315
4	$10^{4.5} = 10^4\sqrt{10} \fallingdotseq 31,623$倍	63,095,734,448
5	$10^6 = 1,000,000$倍	1,995,262,314,969
6	$10^{7.5} = 10^7\sqrt{10} \fallingdotseq 31,622,777$倍	63,095,734,448,019
7	$10^9 = 1,000,000,000$倍	1,995,262,314,968,880
8	$10^{10.5} = 10^{10}\sqrt{10} \fallingdotseq 31,622,776,602$倍	63,095,734,448,019,300
9	10^{12}倍 $= 1,000,000,000,000$倍	1,995,262,314,968,870,000
10	$10^{13.5} = 10^{13}\sqrt{10}$ 倍	63,095,734,448,019,300,000

實在不是我們所能想像的。但就算容易理解，要是只憑著感覺來判斷，之後還是會發生誤解，因此需要使用像對數這樣的數學工具，幫助我們區分地震階段以及搖晃程度。

沒乾透的衣物散發的「臭味」，就算除去了 90% 還是聞得到

是否因無法完全去除，掛在房間晾乾的衣物所產生的臭味而傷透腦筋呢？其實這些臭味就算以空氣清淨機或除臭劑、芳香劑消除了大部分，但人類卻不太會有感覺。將人類感覺算式化的法則，稱為韋伯－費希納定理。最後我們會介紹，當氣味以物理方法分成一半時，究竟要減少多少氣味人類才能感受得到。

●韋伯－費希納定理

R 設為感覺強度，S 是刺激強度，C 作為定數時，表示如下：

$$R = C \log S$$

希望能感覺到臭味減少一半時，就必須使用空氣清淨機或除臭劑、芳香劑，**物理性的除去殘留在衣物 90% 的氣味才行**。

要讓氣味感受減少至 $\frac{1}{3}$ 倍時，需物理性的除去 99%。
要讓氣味感受減少至 $\frac{1}{4}$ 倍時，需物理性的除去 99.9%。
要讓氣味感受減少至 $\frac{1}{5}$ 倍時，需物理性的除去 99.99%。

實際來算算看吧！為了讓韋伯－費希納定理容易計算，列出 $R = 10 \log_{10} S$ 式子。從常用對數表可知，

$$\log_{10}3 = 0.4771$$
$$\log_{10}5 = 0.6990$$

計算結果如下面表格。

刺激強度(S)	感覺強度(R)
1	0.000
10	10.000
30	14.771
50	16.990
100	20.000
300	24.771
500	26.990
1000	30.000
3000	34.771
5000	36.990
10000	40.000
30000	44.771
50000	46.990
100000	50.000

假如將氣味的「刺激強度 (S)」，從 100 減少至 10，也就是說去除掉 90%，人類對氣味的感覺也只會從 20 降低到 10，也就是說「只減少一半」而已。

同樣的，將「刺激強度 (S)」從 1000 減少至 10，人類的感覺會從 30 變成 10，因此氣味會變成 $\frac{1}{3}$，而從 10000 減少至 10，人類的感覺則是從 40 變成 10，氣味變成 $\frac{1}{4}$，當氣味從 100000 減少至 10，人類的感覺從 50 變成 10，所以變成了 $\frac{1}{5}$。

試著用此方法求「當氣味的量以物理性方法去除掉一半時，人類會覺得氣味減少了多少呢」的答案。

氣味等「刺激強度 (S)」從 100 減至 50，也就是去除掉 50% 的話，人類的感覺會從 20 變成 16.99，對氣味的感覺會變成 $\frac{16.99}{20}$ ≒ 0.85 ＝ 85%。因此，可算出人們會覺得氣味減少了 15%。

或許有人在安裝了能除去 90% 臭味的高性能空氣清淨機後，卻覺得「效果好像只有一半」，但實際上，臭味成分確確實實地除去了九成。人類的感覺與對數有關，非常地不可思議。我們的感覺與刺激實際減少的程度有點不成比例。

　　平常所接觸的聲音其實也與對數有關，音樂課學過「DO、RE、MI、FA、SOL、LA、SI、DO」音階，而發現**音階定理**的，同時也是「畢達哥拉斯定理 (參考 25 頁)」發現者的畢達哥拉斯。

　　聲音有高音以及低音，國中物理課曾學過聲音振動頻率 (音頻) 的高低與聲音高低有關。探究振動頻率與聲音的關係時，**對數將再次登場**。

　　鋼琴正中央的「LA」的頻率 $f = 440Hz$ 時，「高八度的 LA」的頻率 $2f = 880Hz$，將兩個音階之間的頻率平分成 12 等分的方法，就叫做**十二平均律**。十二平均律不是強調音的調和，而是注重以數學形式來呈現。

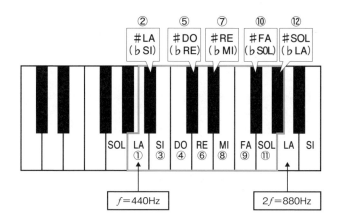

從鋼琴正中央的 LA 到高八度的 LA 為止，把它平均分為十二等分，所以正中央 LA 旁邊的「＃LA」的振動頻率就會是

$$2^{\frac{1}{12}} = 1.0594630943592952645618252949 5 \fallingdotseq 1.06 \ 倍$$

如果計算「＃LA」的振動頻率的話，

$$440 \times 2^{\frac{1}{12}} = 466.16376151808991640720312975 6 \fallingdotseq 466.2Hz$$

上面的關係用圖表來表示，如下圖。

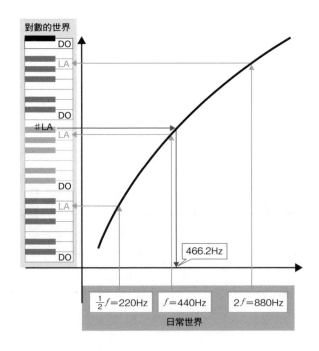

「一等星」的亮度約是「六等星」的100倍

對數與人類的感覺有關，所以會有不少日常可見的例子。像是在夜空中閃爍的星星亮度，會分成**一等星、二等星**等，這不是隨便去分類的。要是以主觀意識分類的話，就會因個人感受而有所差異。為了不受個人感覺影響，就以數學算式來分類。**對數又將登場了。**

19 世紀，英國天文學家諾曼・羅伯特・普森，正確測量出每一等星的亮度，訂出「一等星的亮度大約是六等星的 100 倍」。

然後將一等級相差的亮度訂為

$$100^{\frac{1}{5}} = 2.5118864315\cdots \fallingdotseq 2.512 \text{ 倍}$$

假如六等星的亮度是 L，那五等星的光量就是 $100^{\frac{1}{5}}$ ($\fallingdotseq$ 2.512) 倍乘以 L，即 $100^{\frac{1}{5}} \times L$ ($\fallingdotseq$ 2.512L)。以下用圖表來表示此關係：

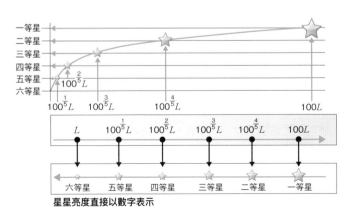

星星亮度直接以數字表示

Column

為何數字乘以「0 次方」會變成「1」呢？

其實，**乘以 0 次方會變成 1 是數學規則**，是一種定義。但即使是規則，要是無法認同還是不能接受吧。下面我們舉幾個例子，探求 0 次方變成 1 的過程。譬如說，靜下心來思考這問題：

$$10^3 = 1000$$

$÷10$

$$10^2 = 100$$

$÷10$

$$10^1 = 10$$

那麼接下來的「$10^0 = 1$」就很理所當然了。也有其他的說法，所謂的乘方是「某個數」乘以同樣的數，或是同樣的文字「乘以數次」。在數學計算中，有時「某個數」會不見，那個時候 1 就會被省略。乘法運算時，「1×」或「×1」是可以省略的。那麼將被省略的 1 加回去。

$$10^1 = 10 = \mathbf{1} \times 10$$
$$10^2 = 10 \times 10 = \mathbf{1} \times 10 \times 10$$
$$10^3 = 10 \times 10 \times 10 = \mathbf{1} \times 10 \times 10 \times 10$$

按照規則來看，10 的 0 次方是「1 是由 10 乘以 0 次算出來的」，所以 $10^0 = 1$。「不去乘任何數字」並不等於「乘以 0」。用 0 去乘的話，答案會變成 0。「不去乘任何數字」就是「乘以 1」的意思。

第6章

人類難以處理，
機器卻得心應手的
「二進位」

只有「0」和「1」的簡單世界就是所謂的「二進位」。而在這簡單世界中電腦的出現，讓我們的生活更加方便。本章就來一探日常生活中使用二進位的例子吧！

6 1 《勇者鬥惡龍》的角色 為何上限是「255」呢？

　　在國中、國小的時候，我曾玩過《勇者鬥惡龍》和《最終幻想》等角色扮演電玩遊戲。我從家庭電腦版的第一代《勇者鬥惡龍》(1986 年 5 月 27 日) 就開始玩了，那時的我年紀雖小，但就注意到「為何主角的上限是 255」以及「為何經驗值和黃金上限是 65535 呢」。怎麼不是整數的 100，或是比較像是最大值的 999 呢？當時的我覺得有點困惑。

　　這個看起來有點半調子的 255 或 65535，是不是好像在哪裡看過呢？沒錯，在本書 5-4〈只要用「方程式」就能拆穿「老鼠會」騙局〉的勸誘人數中曾看過。

　　在其他場合也會出現的數字，在《勇者鬥惡龍》中再次出現，必定有其原因。接著就來一探使用 255 或 65535 的理由吧。但在那之前，先來說明我們平常使用的數字。

● 在二進位的世界，100 和 999 是尷尬的數字

　　平常我們使用「0、1、2、3、4、5、6、7、8、9、10」這 10 個數字的表示方法，稱為**十進位法**。我們雖已習慣了十進位法，但日常生活會接觸到的卻不單只有十進位法。因此對我們來說，容易整除的數字在其他的世界卻未必。

　　前面提到的任天堂紅白機是電腦的一種，屬於使用「0」

與「1」兩個數字的二進位世界。因此我們認為容易整除的數字，跟電腦世界的概念並不相同。接著就來實際算算，使用電腦世界的二進位時，255 與 65535 是容易整除的數字嗎？

十進位法的 0，在二進位也是 0。

十進位法的 1，在二進位也是 1。

十進位法的 2，在二進位不以 2 來表示，而是 10。

十進位法的 3，在二進位是 11。

十進位法的 4，在二進位是 100。

如此慢慢去換算，就會呈現出下一頁的表格。

255 和 65535 像表格那樣去換算，雖然也能用二進位來表示，卻有點麻煩。因此，雖能夠直接用計算方法來換算，但我們必須先了解一件事。那就是平常使用的十進位標記方法是**經過省略**的。譬如要說 4871 的話，或說「4 千 8 百 7 十 1」，可是在書寫時會省略千、百、十、一。如要正確寫出，就會是：

$$4871 = 4000 + 800 + 70 + 1$$

進一步分解，

$$4871 = 4 \times 1000 + 8 \times 100 + 7 \times 10 + 1$$

也就是寫成，

$$4871 = 4 \times 10^3 + 8 \times 10^2 + 7 \times 10^1 + 1 \times 10^0$$

所以十進位可用「10^n(10 的乘方) 來表示」。我們平常的寫法可用「10^n 的係數」來簡略表示。

十進位與二進位

十進位	二進位	十進位	二進位
1	1	33	100001
2	10	34	100010
3	11	35	100011
4	100	36	100100
5	101	37	100101
6	110	38	100110
7	111	39	100111
8	1000	40	101000
9	1001	41	101001
10	1010	42	101010
11	1011	43	101011
12	1100	44	101100
13	1101	45	101101
14	1110	46	101110
15	1111	47	101111
16	10000	48	110000
17	10001	49	110001
18	10010	50	110010
19	10011	51	110011
20	10100	52	110100
21	10101	53	110101
22	10110	54	110110
23	10111	55	110111
24	11000	56	111000
25	11001	57	111001
26	11010	58	110010
27	11011	59	111011
28	11100	60	111100
29	11101	61	111101
30	11110	62	111110
31	11111	63	111111
32	100000	64	1000000

● 從十進位換算到二進位的計算方法

　　介紹十進位簡單換算成二進位的方法，先用十進位思考。

前面「4871」的例子，用「10」來除。

$$4871 \div 10 = 487 \cdots 1$$

算式改一下，

$$4871 = 10 \times 487 + 1 \cdots ①$$

接著將「487」除以「10」，

$$487 \div 10 = 48 \cdots 7$$

算式改一下，

$$487 = 10 \times 48 + 7 \cdots ②$$

接著將「48」除以「10」，

$$48 \div 10 = 4 \cdots 8$$

算式改一下，

$$48 = 10 \times 4 + 8 \cdots ③$$

然後把③帶入②的算式，

$$487 = 10(10 \times 4 + 8) + 7$$
$$= 4 \times 10^2 + 8 \times 10 + 7$$

再把此算式代入①，就能換算成

$$4871 = 10 \times 487 + 1$$
$$= 10(4 \times 10^2 + 8 \times 10 + 7) + 1$$

這就是下一頁的圖。從下面按照順序唸的話就是「4871」。

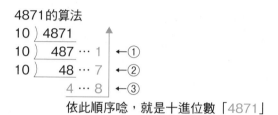

4871的算法
10) 4871
10) 487 … 1 ←①
10) 48 … 7 ←②
    4 … 8 ←③

依此順序唸，就是十進位數「4871」

換算成二進位時，全部用「2」來除。

電腦使用的二進位是「使用 2^n(2 的乘方) 來表示」，因此 255 和 65535 的二進位是，

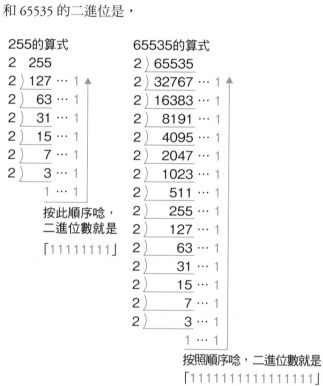

255的算式
2) 255
2) 127 … 1
2) 63 … 1
2) 31 … 1
2) 15 … 1
2) 7 … 1
2) 3 … 1
   1 … 1

按此順序唸，
二進位數就是
「11111111」

65535的算式
2) 65535
2) 32767 … 1
2) 16383 … 1
2) 8191 … 1
2) 4095 … 1
2) 2047 … 1
2) 1023 … 1
2) 511 … 1
2) 255 … 1
2) 127 … 1
2) 63 … 1
2) 31 … 1
2) 15 … 1
2) 7 … 1
2) 3 … 1
   1 … 1

按照順序唸，二進位數就是
「1111111111111111」

100 和 999 同樣也用二進位來表示，結果如下：

在二進位的世界，全都成了半調子的數字。電腦要是將這樣半調子的數字設定為最大值，那麼可能會發生缺失 (程序錯誤)。因此，《勇者鬥惡龍》等角色扮演遊戲的角色最大值不會是 100 或 999。

看來，半調子的數字不光是出現在遊戲中，也會出現在與電腦有關的事物裡。譬如，智慧型手機的顯示器約有 1677 萬種顏色 (全彩)，就是 $16,777,216(2^{24})$。EXCEL2003 的話，縱列的最後一行是 $65,536(2^{16})$。而 EXCEL2007 之後，縱列的最後一行是 $1,048,576(2^{20})$。USB 和 SD 記憶卡分成 2GB、4GB、8GB、16GB、32GB、64GB、128GB…，種類相當豐富，但這些數字在二進位世界裡，都是能夠整除的數字。

　　「條碼」是我們每天幾乎都會看到的物件，條碼上面有白色和黑色部分，**白色部分是 0，黑色部分則是 1，也是屬於二進位法。**條碼讓店家能正確且迅速的完成結帳。

　　日本是在 1970 年代才開始使用條碼。在 1980 年代，被超商引進使用後才逐漸普及，而在這之前，店員必須將所有商品的價格逐一輸入收銀機。現在仍使用過去收銀機的店家，還是需要逐件輸入商品價格。但即使是可以刷條碼的收銀機，要是商品上的條碼沒有被登記的話，仍然無法刷出金額。從過去延續至今的電視動畫，有時也會有酒商老闆用算盤算帳的場景。條碼的好處不只是能迅速計算商品價格，同時對於管理庫存和了解銷售狀況也相當方便。此統計系統稱為「**POS**」(Point Of Sale，銷售時點情報系統)。

　　仔細觀察條碼，可以發現黑白線下方有 **13 個數字**。這 13 個數字代表了「國籍」、「廠商」、「商品」資訊，內容如下表。

國籍(2個數字)		廠商代號		商品代號		總計
49		5個數字	(3～7位)	5個數字	(8～12位)	12個數字
45	2000年以前	5個數字	(3～7位)	5個數字	(8～12位)	12個數字
	2000年之後	7個數字	(3～9位)	3個數字	(10～12位)	

前面兩個數字是日本的代號

表格上面只有 12 個數字，而第 13 個數字叫做校驗碼，是為了防止讀取條碼時發生錯誤所設置的。

※此條碼是虛構的

　　條碼扭曲、弄髒的話就會無法讀取。要是因讀取條碼錯誤，讓商品在結帳時弄錯價格，那可就不妙了。為避免此情形發生，需要校驗碼。應該看過店員因刷不出條碼而陷入苦戰吧，那是因為預防錯誤發生的校驗碼發生作用了。

　　接著來看看校驗碼的設計吧。為了讓條碼**奇數數字的總和加上 3 倍的偶數數字的總和，必然成為 10 的倍數**，就需要用校驗碼來調整。如果不是 10 的倍數，就會讀取失敗，不會有反應。

　　為了達成此目的，只要知道條碼的第 1 個數字到第 12 個數字，自動就會產生應有的校驗碼。下面說明決定校驗碼的方法。

① 從左側起，把奇數數字加總起來，當作 x (最後面的校驗碼除外)。

以 4902780019448 為例，$x = 4 + 0 + 7 + 0 + 1 + 4 = 16$

② 從左側起，將偶數數字加總，當作 y。

以 4902780019448 為例，$y = 9 + 2 + 8 + 0 + 9 + 4 = 32$

③ 計算 $x + 3y$，將個位數的數字當作 z。

當 $x = 16$，$y = 32$，$x + 3y = 16 + 3 \times 32 = 112$

當 $x + 3y = 112$，則個位數是 2，$z = 2$

④ 將 $10 - z$ 的值作為校驗碼。

$z = 2$ 的話，$10 - z = 10 - 2 = 8$

　　按照上面的運算，求得「4902780019448」的校驗碼是「8」。

　　條碼不只在超商或超市中看得到，飛機的行李運送，郵局包裹、便利箱，會員制俱樂部的會員證等，很多地方都會使用到它。使用條碼，讓我們能迅速且舒適地接受各種服務。平時人們所利用的各種服務，其實常隱藏了二進位定理。

條碼在世界各地被廣泛使用，因此有規定的尺寸。太大或太小都可能會妨礙條碼的讀取，故放大或縮小時，都必須是標準尺寸的0.8～2倍。但並不是所有商品都有足夠的空間來印刷條碼。

所以除了13位數的條碼外，也有8位數的短條碼，但還是有商品連8位數的條碼都沒辦法印刷。此時應該怎麼辦呢？

來看看滋露巧克力是怎麼做的吧。過去是10日幣，現在是20日幣的滋露巧克力，底部的邊長是25mm，上方的邊長是22mm。這比8位數短條碼的尺寸還要小。這種尺寸的商品，當然不能在使用條碼來管理商品的超商或超市來陳列販售了。因此，**為了保留印刷條碼的空間，誕生了寬度放大成30mm、定價改為20日幣的滋露巧克力。**

提供：TIROL巧克力

在你想像不到的地方，也存在著二進位法。其中一個例子，就是樓梯的三向開關。

譬如，居住在獨棟別墅的人，從一樓到二樓時，會在一樓把樓梯電燈打開，到了二樓再將樓梯電燈關掉，這整個過程就運用了二進位法。

首先，從打開開關 (ON) 便燈亮，關掉開關 (OFF) 便燈熄的單向開關來說明。

燈沒亮的狀態 (OFF) 為「0」，燈亮的狀態 (ON) 為「1」，而開關關閉的狀態 (OFF) 為「0」，開關開啟的狀態 (ON) 為「1」，變成二進位的形式。

燈沒亮的狀態　　　　　　　燈亮的狀態

「0」的狀態(OFF)　　　　　「1」的狀態(ON)

如圖，單向開關相當單純。作為實物的特徵，代表「ON」的記號 (黑線等) 在右側。

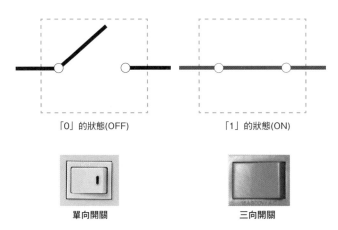

「0」的狀態(OFF)　　　　　　　　「1」的狀態(ON)

單向開關　　　　　　　　　　三向開關

開關、電燈的ON、OFF的狀態用表格和圖來表示，如下圖。

號碼	輸入	輸出
	開關	電燈
①	0(OFF)	0(OFF)
②	1(ON)	1(ON)

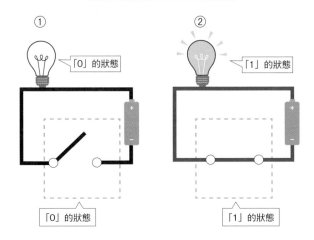

①　　　　　　　　　　　　　　②

「0」的狀態　　　　　　　　　　「1」的狀態

「0」的狀態　　　　　　　　　　「1」的狀態

接著，看看使用於樓梯的**三向開關**吧。所謂的三向開關，就是能夠從兩個地方來切換同一個電燈的開關。三向開關不像單向開關有「ON」和「OFF」，所以以下圖方式來設定「0」與「1」。

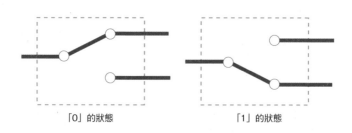

「0」的狀態　　　　　　　　　　　「1」的狀態

這裡需要二進位的計算，但計算的組合不多，所以如下面表格，來決定輸出和輸入。只要將表格中「左側開關」看成是一樓的開關，「右側開關」看成是二樓的開關，就非常清楚了。

號碼	輸入		輸出
	左側開關	右側開關	電燈
①	0	0	0
②	0	1	1
③	1	0	1
④	1	1	0

說明如下圖：

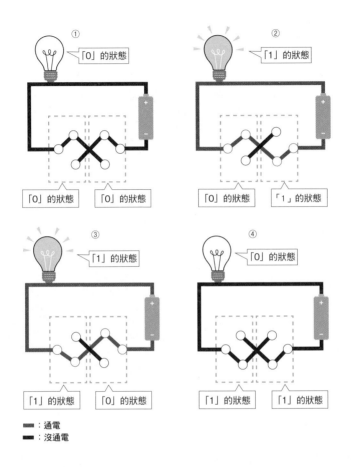

①「O」的狀態
「O」的狀態　「O」的狀態

②「1」的狀態
「O」的狀態　「1」的狀態

③「1」的狀態
「1」的狀態　「O」的狀態

④「O」的狀態
「1」的狀態　「1」的狀態

■■：通電
■■：沒通電

　　在複數開關當中，有一種只要按下其中一個開關，全部的電燈都會亮起的**並聯開關**。通知公車司機下一站有人將下車的開關就是此種開關，下面就來看看並聯開關的運作吧！

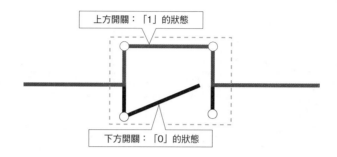

上方開關：「1」的狀態

下方開關：「0」的狀態

並聯開關的上方或下方開關都能打開電燈，而其運作方式如下表。

號碼	輸入		輸出
	上方開關	下方開關	電燈
①	0	0	0
②	0	1	1
③	1	0	1
④	1	1	1

電燈不亮的狀態
（①）

電燈亮的狀態
（②）（③）（④）

前面曾提過，二進位可使用於電燈的 ON 及 OFF，電腦也是以同樣的方式，經過不斷計算來運作的。此計算稱為**布爾代數**，是在 19 世紀出現的。當時並未預測到布爾代數會在現代使用，那個時候，雖然只用於「盈虧」的判斷，但同樣非常重要。或許將來，在我們想像不到的地方，布爾代數也會派上用場。

第7章

不只能表示方向，同時也能顯示大小的「向量」是可以計算的

「方向相同」、「方向偏差」等，日常就會聽到有關向量(vector)的說法。向量是表示方向和長度的工具，語源是「搬運物」。下面就來看看向量這個「搬運者」的魅力吧！

7-1 向量用於想正確表示「方向」的時候

　　在山口縣下關市的唐戶地區，有能搭乘直升機遊覽的地方。在這裡能體驗 360 度一覽関門海峽美麗壯觀景色的飛行，深受觀光客喜愛，尤其是假日更可見到直升機在天空來回飛行。前往直升機飛行遊覽的場地時，看到服務人員以手示意「接待處在那裡」，而**在數學中，就是以向量來表示「那裡」**。向量是有助於表達方向和長度的好用工具。

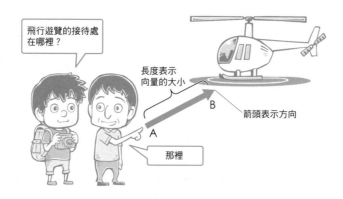

　　以觀光客報到的地點 A 為起點，停直升機的地點 B 為終點，那麼數學就會用 $\overrightarrow{AB}$ 來表示。當然指引方向時，可能會有不能大概指出「那裡」，需要詳細說明的時候。而這個時候就需要用**座標向量**來表示了。

譬如，從起點 A 到終點 B，x 軸方向 (往東) 移動 120m，y 軸方向 (往北) 移動 50m 時，以下列式子來表示：

$$\vec{AB} = (120,50)$$

此與座標的標示方法類似，但與一般座標不同，它能進行各種計算與應用。

舉一個例子，Google 在 2013 年，發表了一種稱為「word2Vec」，能以向量方式來呈現單字的功能。此功能讓座標向量可以廣泛運用在像是人工智慧等各方面。相信不久的將來，座標向量會廣泛運用於人工智慧中。

將前面提到的關係以方格紙來表現，就會像下面的圖。

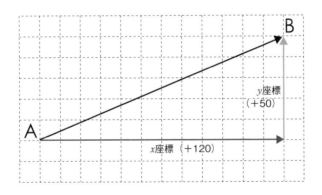

從畢達哥拉斯定理 (參考 25 頁) 就可知道 AB 長為 130m。

$$(AB)^2 = 120^2 + 50^2 = 14400 + 2500 = 16900 = 130^2$$
$$AB = 130$$

雖然已簡單說明了向量的基本原理，但應該還是會有「有人會把向量畫在圖上使用嗎」的疑惑。其實我們幾乎每天都會看到向量，像是道路號誌。向量真的是無所不在，下面的例子只是一小部分而已。

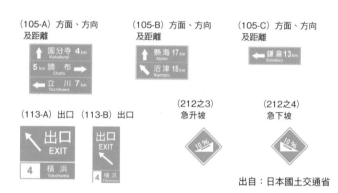

出自：日本國土交通省

　　駕駛汽車時，經常需要在短時間且連續做出反應，因此像向量這種，能幫助駕駛人迅速接收訊息的記號就很重要。如只用言語來說明，可能需要花點時間才能理解和做出判斷，那麼就很容易發生交通事故了。其他像是氣溫圖（預測氣溫）也會用到向量。如下面的氣溫圖，就是**沒有標出方向的純量**。

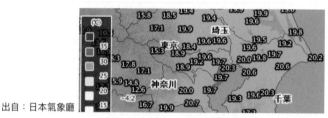

出自：日本氣象廳

7 2 「航標燈」是能指引船隻航行在安全「海路」的向量

　　位於本州西側的山口縣下関市，以及福岡縣北九州市門司區之間，有連接瀨戶內海和日本海的**関門海峽**。從下関市往北九州市門司區看去，可以看到細長的関門海峽，最狹窄的地方只有 650m。而且從瀨戶內海或日本海往関門海峽航行時，因航路突然變窄，導致水流變得湍急，再加上水深不夠，船隻航行於此航段時便格外危險。

　　每天約有 500 艘船隻往來於関門海峽。當然，海洋是不可能有明顯「道路」的。不過毫無秩序的航行是很危險的，因此要安全地航駛於此狹窄海峽的話，就需要利用向量設定出「海路」。

　　在下関市與北九州市門司區之間，有関門橋橫跨於関門海峽，附近建蓋了兩大箭頭，此箭頭稱為**航標燈**，是**正確指引航行於関門海峽的船隻通過的標記**。

　　如下一頁圖示，航標燈有前後兩組且分開設置在不同地點。當兩組航標燈的光線上下重疊時，呈直線的光就成為讓船隻安全行駛的航路。因此，從高台地眺望関門海峽，就像有一條隱形「航路」似的，每一艘船隻都行駛在相同的航道上。

　　另外一座下関航標燈是位於壇之浦町。這裡是日本史上「壇之浦戰役」的舞台。稍微往前走，就是宮本武藏與佐佐木小次郎決鬥的地點巖流島了。

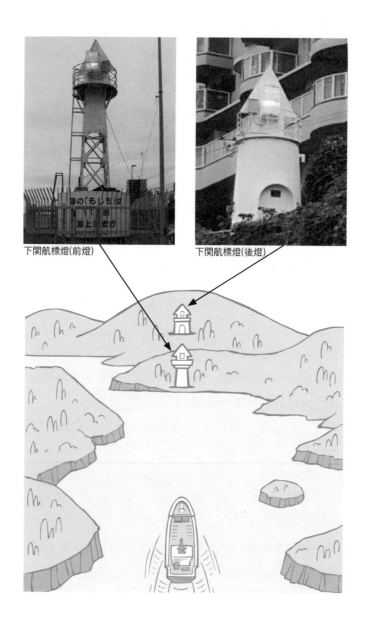

下関航標燈(前燈)

下関航標燈(後燈)

獨木舟或小艇航行於河川時，會受到風向以及水流的影響。即使想直線前進，卻會因水流及風向而左、右偏，可見水流及風力具有相當的影響力。

接下來要登場的是，**向量的加法計算（和）**。先設定小船前進的方向，河川的水流及風向的狀況相同。小船以時速 4km 朝西前進時，如果水流也是相同方向，那麼小船的時速就會增加 3km。因此，只需要把水流增加的時速加上去，就可以算出「4＋3＝7km」。

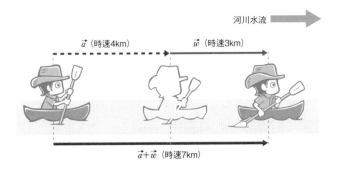

獨木舟或小艇航行於河川時，會受到風向以及風力具

但如果小船前進的方向與水流方向不同，會變成怎樣呢？那就不能單純用「4＋3＝7km」來計算時速了。**由於此時的加法與方向有關，所以要用向量加法計算。**

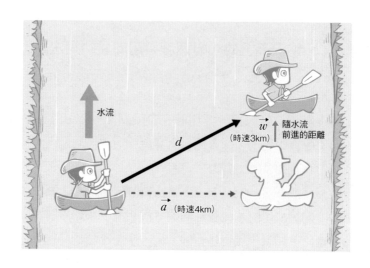

　　如上圖所示，以 $\vec{a}$ (4,0) 表示往右行駛的小船時速 4km，上方則是在時速 3km 的河川行駛，以 $\vec{w}$ (0,3) 表示，此關係的算式如下。

$$\vec{a} + \vec{w} = (4,0) + (0,3) = (4,3)$$

　　小船的時速等於上圖黑線的向量，如長度是 d，那麼從畢達哥拉斯定理 (參考 25 頁) 可知，

$d^2 = 4^2 + 3^2 = 16 + 9 = 25 = 5^2$

$d = 5$

由此可知，「小船的時速是 5km」。

7 4 「機車的平衡」要靠兩種向量來決定

　　騎機車想左轉或右轉時，不是靠轉動方向盤，而是要將機車車身傾斜才行。我第一次騎重型機車時，雖然有點害怕要傾倒車身轉彎，但幸好沒有翻倒，安全地取得平衡。車身為何能取得平衡呢？

　　左、右轉機車時，離心力會發生作用。因所有物品皆有重心，所以機車的重心與離心力相互抵銷，車身自然就不會傾倒。

　　支撐重心的力量是來自路面的正向力，而支撐離心力的是輪胎的摩擦力。因此，輪胎的摩擦力不夠就容易摔倒。要是「離心力與重力結合的力量」、「摩擦力與正向力結合的力量」無法平衡就會摔倒。騎機車是否會摔倒是由向量的和來決定的。

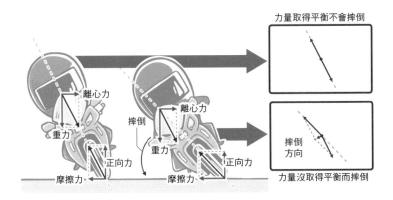

似是而非的「乘方」與「指數」

Column

乘方與指數，因意思相似而常被誤認為是一樣的，其實意思還是有些許不同。第 5 章提到的 10^1，10^2，10^3，10^4，…，我們稱為 **10 的乘方**。而上面數字的 1，2，3，4，…稱為指數。

日文中提到乘方（累乘）時，指數部分只能是**自然數**。但第 5 章提到的 10^0，由於「指數部分是 0」，所以不包含在乘方（0 不是自然數）內。此外，指數部分也可能是有理數（無法約分的分數），或是負數（－）等。在日文中，此時就不叫乘方（累乘），而是**叫指數為實數的乘方（べき乘）**。

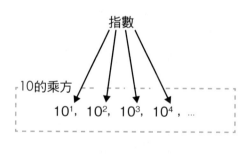

第**8**章

用極小數字來除的「微分」，
和乘以極小數字的「積分」

「微積分」或許讓人感到「太艱澀了」，但其實我們四
周的現象中就隱藏了微積分。本章就來談談微積分
的本質吧！

8 1 想知道「瞬間速度」就使用微分

　　對大多數的人來說，「**微積分**」是「難以理解、讓人討厭的數學代名詞」。當然艱澀的理論不易理解，但其實，微積分的原理以及計算方法沒想像中困難。

　　為了說明微積分，大部分的書籍都寫太過於詳盡，但這反而讓讀者難以理解，望之卻步。當我問學生「微積分大概在說什麼」時，通常得到的回答都是「高中有學過，但不是很明白」，然後才接著回答：

　　①「微分是要算出左下圖的『切線斜率』」

　　②「積分是要算出右下圖的『面積』」

　　③「微分的相反就是積分，積分的相反就是微分」

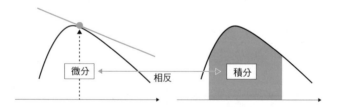

這觀念當然正確，可是日常生活中，誰會去「算切線斜率」或是「算面積」呢？像我這樣在教數學的人，或許會在日常生活當中，透過計算曲線的切線，或是曲線所占面積來理解某些事物，但對大部分的人來講，通常不會想到吧！

換言之，光有前面①～③的觀念並無法在日常中活用微積分，因此重要的是，要先改變對微積分的想法。

● 改變對微分的想法

高中是這樣學微分的：

「(如前一頁左圖)**算出切線斜率**」

但因為切線是一條直線，為了簡單說明，切線請改用直線來思考。高中沒學過微分的人，同樣也把它想成是直線斜率。然後透過下面例題，確認「直線斜率」的計算方法。

● 例題

下圖中，通過原點 O(0,0) 及點 (4,3) 直線的斜率是？

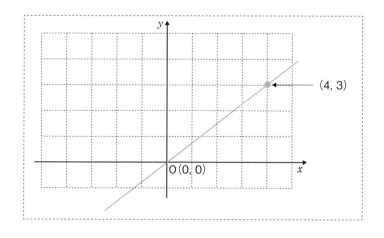

因為會通過原點 O，以及從原點 O 往 x 方向＋4，y 方向＋3 移動的點 (4,3)，故此直線斜率為 $\dfrac{3}{4}$。

$\dfrac{3}{4}$ 是 3÷4 得來的，可見直線斜率可用「除法」來算出。而

$$x \text{ 方向的「＋4」稱 } x \text{ 的增加量}$$
$$y \text{ 方向的「＋3」稱 } y \text{ 的增加量}$$

所以，國中教科書裡會寫到：

$$直線斜率 = \dfrac{y \text{ 的增加量}}{x \text{ 的增加量}}$$

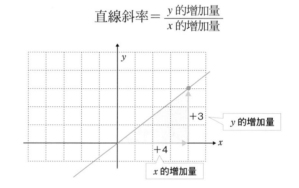

簡單的說，「用微分算出的」就是「直線斜率」。「直線斜率」可用「除法」算出，也就是說，要算出「微分」就要用「除法」。或許有人會覺得沮喪，「微分」就等於「除法」這麼單純，那之前怎麼都沒辦法理解呢。其實，這在物理課學過了，也就是跟日本在小學中學過的「ha ji ki」公式相同（如下頁 2 張圖所示）。既然微分就是除法，那為何要特別用微分這個名稱呢？**因為微分的除數是極小的數。** 具體來說，像次頁圖示下面的數字：

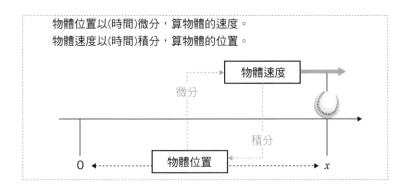

物體位置以(時間)微分,算物體的速度。
物體速度以(時間)積分,算物體的位置。

(距離)÷(時間)=(速度) ➡ 微分

(速度)×(時間)=(距離) ➡ 積分

0.00000000000000000000000000000000…001

在數學上,如此小的數字會以「無限小到接近 0 的值」來表示。前面我們說過,可用微分來算「直線斜率」,但正確來說應該是算「切線斜率」。「直線斜率」與「切線斜率」都是傾斜的線,都可用除法來計算。

只不過,算「切線斜率」時,「除數 (x 的增加量)」是極為小的值,也就是會變成「無限小到接近 0 的值」,所以就需要「微分」。

下一頁會介紹「直線」到「切線」的過程。現在或許對「用極微小的數來除有何意義」感到疑惑，但它真的有其價值。

譬如，飛機離開陸地的速度，在高速公路行駛的汽車速度，職業棒球的投手的球速等的瞬間速度是很重要的。

尤其是飛機，離陸時需要時速 300km 前後的速度，要是達不到此速度就無法起飛。所謂時速 300km，表示 1 秒要達到 80km 以上，很難輕鬆地說「只要知道 1 秒鐘的速度就好了」。**重點是瞬間速度，只有微分才能算出。**

秒速	時速
秒速60m	時速216km
秒速70m	時速252km
秒速80m	時速288km
秒速90m	時速324km
秒速100m	時速360km

時速288km的話，1秒鐘就要前進80m

社會上，有許多「大小兼具」的事物，而數學則是「積少成多」的世界。所以只要能算出「無限小到接近 0 的值」，那麼龐大的數值應該也能算出，而數學家以此發想創造出數學公式。記住了公式，就能機械式的應用，十分方便。我曾被人問過「微分對我們有何幫助」，我的回答是：「只要需用除法計算的，微分都可以派上用場。」

「直線」變成「切線」的過程

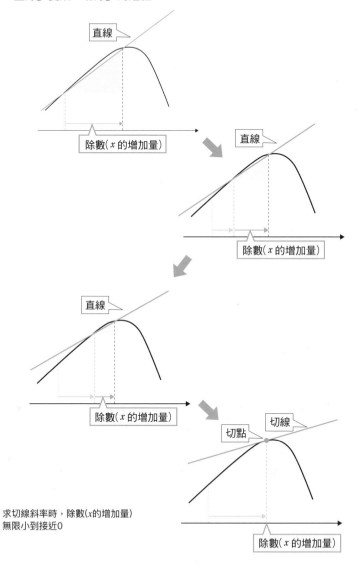

直線

除數(x的增加量)

直線

除數(x的增加量)

直線

除數(x的增加量)

切點　切線

除數(x的增加量)

求切線斜率時，除數(x的增加量)
無限小到接近0

將切點周圍放大看……

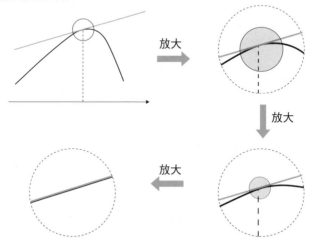

如上圖，曲線越來越接近直線形狀。微分能將曲線或圖形分割得極小（除法），讓形狀變得比較容易計算。另外像下列微小的數字：

0.00000000000000000000000000000000…001

數學會以「d」來表示。x 軸方向的極小數會以「dx」表示，y 軸方向的極小數則是「dy」。

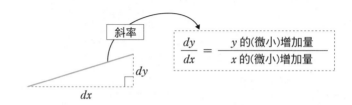

$$\frac{dy}{dx} = \frac{y\ 的（微小）增加量}{x\ 的（微小）增加量}$$

使用「dx」和「dy」，微分的記號就能表示為：

$$\frac{dy}{dx}$$

此記號是由17世紀的哲學家，同時也是數學家的哥特佛萊德‧威廉‧萊布尼茲所創。唸法就跟英文分數的唸法相同「dy、dx」，按照分子、分母的順序來唸。由萊布尼茲提出的 $\frac{dy}{dx}$ 微分記號不但容易理解，而且應用範圍也很廣泛，有時也會縮寫成「y'」。意思就是：

$$\frac{dy}{dx} = y'$$

高中教科書大多採這種表示方式，此記號是由法國數學家、天文學家的拉格朗日所提出。「y'」唸「y dash」或「y prime」。

就我的經驗，高中老師通常會讀「y dash」，而大學老師則讀「y prime」的比較多。在法國艾菲爾鐵塔第一個平台下方四周的牆壁上，刻有72位科學家的姓名，拉格朗日便是其中一位。

8 2 我們走在微分過的地表「切線上」

　　地球是圓的，而我們走的路看起來卻是平的，這是為什麼呢？

　　因為「我們走路的距離」要比「地球的周長」微小許多。我們「走在微分過的地表切線上」，所以才會覺得「地面是平的」。將地球某一個點放大，如圖所示，就會是這個樣子。

因為人是走在微分過的地球切線上，才會覺得地面是平的。

但地球終究是圓的，所以還是能經常體會到這個事實。舉例來說，就像每年年初日本都會舉辦的「全日本實業公司對抗驛傳（新年驛傳）」以及「東京往復箱根的大學驛傳競走（箱根驛傳）」等運動盛事。看電視轉播時，可以看到緊追在第一位跑者後面的第二位跑者，頭部緩慢地出現在路的盡頭。而這個畫面正說明了地球是圓的。如果地球是平的，那麼就不會有第二位跑者從頭部開始慢慢出現的畫面了，而是看到人影由小逐漸變大。

● 月亮以及人工衛星為何不會墜落？

　　把球丟出去，自然會掉落地面。可是偵察衛星、通訊衛星、氣象衛星等人工衛星以及月亮，為什麼都不會墜落呢？但真的不會墜落嗎？月亮和人工衛星因具有特殊動力所以不會墜落吧，不，答案是「會」。其實，月亮跟人工衛星都會慢慢墜落。

　　只是**如果沒有地面可以讓月亮跟人工衛星墜落呢？它們依然還是會墜落。也就是說，月亮和人工衛星繼續墜落地球的結果，就是在地球周圍不停環繞**。像月亮以及人工衛星那樣的物體，要在地球周圍持續下墜、不停環繞是要有條件的。我們就來看看需要什麼條件吧！

　　人工衛星很少會墜落到地球，因為大部分在墜落之前，進入大氣層的時候就會燃燒殆盡，過去曾有過蘇維埃社會主義共和國聯盟（蘇聯）發射的「Kosmos 954」墜落在加拿大北部的事例。當然，人工衛星墜落地球是相當危險的。因此，美國

海軍艦艇曾發射RIM-161 標準三型飛彈(SM-3) 將極可能墜落地球的人工衛星擊落。而當時被擊落的就是美國國家偵察辦公室所有的偵察衛星「NRO launch 21」。

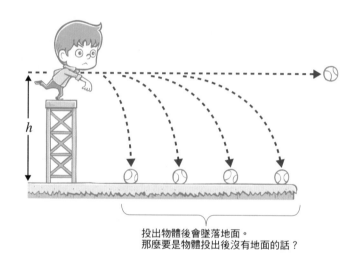

投出物體後會墜落地面。
那麼要是物體投出後沒有地面的話？

想一想，物體「持續墜落的條件」，也就是「持續環繞地球的條件」。為了能簡單說明條件，請先思考「物體不會墜落地球的條件」(雖然人工衛星等物體在地球表面上方繞圈是很危險的……)。首先計算投球時，1秒鐘會下墜多少。

重力加速度 $g = 9.8$，而 $t = 1$ 的話：

$$h = \frac{1}{2} \, g t^2 = \frac{1}{2} \times 9.8 \times 1^2 = 4.9 \, (\text{m})$$

把地球中心到物體的距離設為 $R = 6.4 \times 10^6$，將物體持續墜落所需的速度設為 v，那麼 R 與 v、h 的關係就是：

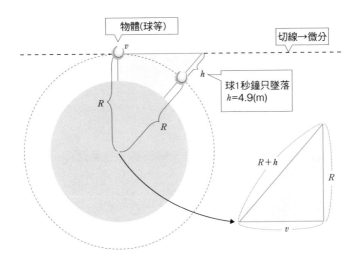

根據畢達哥拉斯定理（參考25頁），

$$R^2 + v^2 = (R+h)^2$$
$$R^2 + v^2 = R^2 + 2Rh + h^2$$
$$v^2 = 2Rh + h^2$$

所以，$v = \sqrt{(2Rh + h^2)}$。h^2 是比 0 大的數 $(h^2 \geq 0)$，因此 $\sqrt{\square}$ 的 $\square$ 部分是：

$$2Rh + h^2 \geq 2Rh + 0^2 = 2Rh，所以$$

$$v = \sqrt{2Rh + h^2} \geq \sqrt{2Rh} = \sqrt{2 \times 6.4 \times 10^6 \times 4.9}$$
$$= \sqrt{2 \times 6.4 \times 10 \times 10^4 \times 10 \times 4.9}$$
$$= \sqrt{2 \times 64 \times 10^4 \times 49}$$
$$= \sqrt{2 \times 8^2 \times 10^4 \times 7^2}$$
$$= 8 \times 7 \times 10^2 \times \sqrt{2} = 5600\sqrt{2}$$
$$= 5600 \times 1.41421356\cdots$$
$$= 7919.596\cdots \fallingdotseq 7900\text{m/s} = 7.9\text{km/s}$$

這個 7900m(7.9km) 的秒速又稱為**第一宇宙速度**。

前面提到極可能墜落的人工衛星時，我們舉了美國國家偵察局所有的人工偵察衛星「NRO launch 21」為例，當 RIM-161 標準三型飛彈 (SM-3) 迎擊時，NRO launch 21 的速度是「秒速 7.8km」。這比第一宇宙速度「秒速 7.9km」慢，所以會稍微偏離軌道。

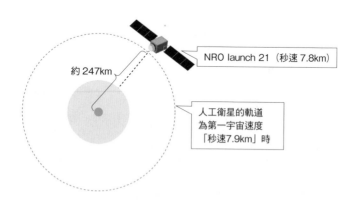

約 247km

NRO launch 21 （秒速 7.8km）

人工衛星的軌道
為第一宇宙速度
「秒速7.9km」時

　　不少人會說「積分是求面積」,此本質與微分相反。首先,第一次學的面積公式是什麼?當我問學生這個問題時,大部分的人第一個想到的是「(底)×(高)÷2」三角形面積,但長方形面積的公式(長)×(寬)明明比較簡單。其他可以求面積的,還有正方形、三角形、平行四邊形、梯形、菱形等,每一種形狀都需要用到乘法。簡單地說,**積分就是乘法**。

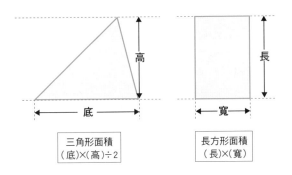

三角形面積
(底)×(高)÷2

長方形面積
(長)×(寬)

　　那麼,為何特別用積分來稱呼乘法呢?是因為乘數是極微小的數字。具體來說,就像微分一樣,它是乘以像下面這樣的數字。

0.00000000000000000000000000000000…001

　　就像碰到微分問題一樣,有人會懷疑,乘那麼小的數字「到底有何意義?」但它是有意義的。譬如,我們能用小學學

過的公式來算下方圖1的面積嗎？是算不出來的。

　　因為小學學過的面積公式，不論是長或是寬，底或是高，**都必須要是直線才能算出面積**。但反過來說，「只要是直線就能算出」。所以，**只要將想求的面積分割成接近直線的大小就沒問題了**。

　　譬如，可以算出圖2曲線的藍色長方形面積。圖3藍色長方型旁邊的灰色斜線長方型面積也能算出。圖4的灰色斜線長方形的旁邊，水藍色網點的長方型面積也能算出。像圖5那樣，逐一將長方型面積算出，就能求出圖6曲線範圍的面積了。

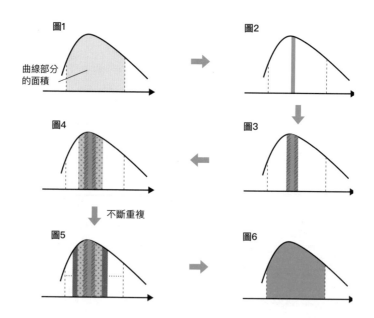

換句話說，積分就像前面的圖所示，**把想要算出的面積細分，無限重複「長×寬」的計算，再把算出的所有面積加總起來**，就可得出了。

　　接著，我們用算式以及文字把用積分算面積的過程寫出。首先，請放大下面左圖的藍色長方形的面積，並試著用算式來表示。

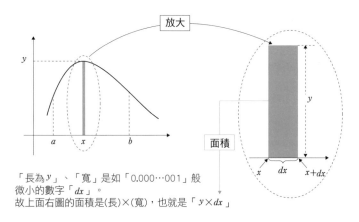

「長為 y」、「寬」是如「0.000…001」般微小的數字「dx」。
故上面右圖的面積是(長)×(寬)，也就是「$y \times dx$」

　　從「a」到右邊「b」的範圍以 $\int_a^b$ 記號來表示，上面左圖的面積用記號表示的話，就是：

$$\int_a^b y \times dx = \int_a^b y\, dx$$

記號看起來好像很難，但這就只是「(長)×(寬) 的集合」。
此記號 $\int$ 叫做 integral。Integral 上下的數字和文字，分別稱為**上端、下端**。

　　以 $\int_a^b$ 來說，「b 是上端」而「a 是下端」。

積分的計算方法，是利用與微分相反的原理 (如 148 頁 Column 的說明，積分的原理跟微分相反)。首先，$y = f(x)$，那麼微分後成為 $f(x)$ 的設為 $F(x)$。這個 $F(x)$ 叫做 $f(x)$ 的**原始函數**。

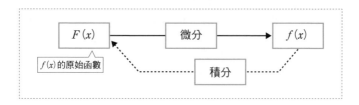

　　將原始函數以代入「上端 b」的 $F(b)$ 減去代入「下端 a」的 $F(a)$。也就是說：

$$\int_a^b y \, dx = \int_a^b f(x) \, dx = F(b) - F(a)$$

要計算「$F(b) - F(a)$」的工程浩大，所以為了容易計算，大部分會將 $[F(x)]_a^b$ 當成一個緩衝：

$$\int_a^b y \, dx = \int_a^b f(x) \, dx = [F(x)]_a^b = F(b) - F(a)$$

上面的公式，可以在高中教科書或其他書籍看到，用具體的問題來理解是最好的。為了讓上面公式更加具體化，使用頻率最多的是換成如下的公式：

$$y = f(x) = x^n$$

那麼就會變成下面的算式。覺得「x^n」很難的話,也可寫成「$x^\square$」。

$$\int x^\square \, dx = \frac{1}{\square + 1} x^{\square + 1} + C$$

公式最後的「+C」叫做**積分常數**,而積分常數必須要是「+C」的理由,我們以下列式子來說明:

$$\int 2x \, dx$$

首先找出微分成「$2x$」的數字。從「$(x^2)' = 2x$」的結果推算,微分成「$2x$」的是「x^2」。比較不好對付的是,微分後會變成「$2x$」的不只有「x^2」而已。此外還有「$(x^2 + 1)' = 2x$」、「$(x^2 + 2)' = 2x$」、「$(x^2 + 3)' = 2x$」等等,所以微分後會變成「$2x$」的有「$x^2 + 1$」、「$x^2 + 2$」、「$x^2 + 3$」等無數個。**想簡單回答這擁有無數個答案的問題時,就需要有統一的符號**。而這就是「+C」。用此公式把「a」到「b」算成積分,那麼就會變成:

$$\int_a^b x^\square \, dx = \left[\frac{1}{\square + 1} x^{\square + 1} \right]_a^b = \frac{1}{\square + 1} b^{\square + 1} - \frac{1}{\square + 1} a^{\square + 1}$$

為什麼微分與積分「相反」呢？

Column

　　我們學過「微分的相反是積分，而積分的相反則是微分」。更深入地學習微積分，就會知道「微分是去計算切線斜率」，而積分則是「積分是算面積」，但還是會有疑問。

　　「求切線斜率的微分相反，難道就是算面積的積分嗎？」

　　「也就是說，切線斜率的相反是面積？這是什麼意思？」

　　要想像「切線斜率與面積的關係是相反的」的確有點困難。那麼我們從不同的角度切入，把微分與積分當作是下面的數字。

　　微分是除以像 0.0…01「非常小的數字」得出的。

　　積分是乘以像 0.0…01「非常小的數字」得出的。

　　「微分」和「積分」是指「除法」以及「乘法」中，「除數」和「乘數」都是用非常小的數字來計算的。知道「乘法」的相反是「除法」，而「除法」的相反是「乘法」後，那麼就比較能了解「微分」與「積分」是相反關係了吧！

　　至少能明白「斜率是微分的一部分」、「面積是積分的一部分」。**微積分如果要從例子想像或許有些困難，但要是從原理來思考就比較簡單。**

第9章

正確使用就能預測未來的「機率、統計」

平常說話會使用到的「%」，是用0～100的%來表示「可能性」。使用機率來進行預測的學問就是統計。機率、統計的應用相當廣泛，我們就來研究看看吧！

9 1 以統計來看毫無根據的「花瓣占卜」

　　「喜歡、討厭、喜歡、討厭、……」邊摘花瓣邊算喜歡的人究竟是「喜歡或是討厭自己」的花瓣占卜，說不定各位也曾算過。但是從數學角度來看，花瓣占卜是「非常不合邏輯」的。因為「喜歡、討厭、喜歡、討厭、……」交互排列，任性地將對方喜歡自己的機率設定為「50%」。「為何會50%」完全沒有任何根據。有可能是「喜歡、喜歡、喜歡、喜歡、討厭……」，也可能是「討厭、討厭、討厭、討厭、喜歡……」。完全沒把握的事情(喜歡的機率)卻自行決定，真的是很沒邏輯。而且花瓣數也會隨著花的種類而有不同，這也會影響到結果。

常見花卉的花瓣數

花	花瓣數
水車前草	3
梅花、櫻花、牽牛花、山茶花	5
波斯菊	8
矢車菊、紫菀、萬壽菊	13
雛菊、茶梅	21
松葉菊	34
非洲菊	55

　　就像「丟硬幣會出現正、反面的機率」，學校教科書對會出現相同機率的狀況稱為「相同的可能性」。所以學校教科書提到有關機率的問題時，應該都是以「相同可能性」為前提。要是除去「相同可能性」的條件，就可能會發生奇妙的結果了。

譬如，常會聽到有人討論「外星人究竟存不存在」，那麼答案就只有「存在」或「不存在」兩種，因此「外星人存在的機率是 50%」，這樣的結論有點驚人吧。那麼花瓣占卜也跟外星人是否存在一樣，只有「喜歡」或「討厭」兩種選擇。其他像是天氣預報，要是只有「下雨或不下雨兩種選擇，那麼每天下雨的機率就是 50%」，這也非常的不合理。實際上，我們是從過去 30 年的數據來預測下雨機率的，因此花瓣占卜希望也能從過去數據來決定「喜歡」或「討厭」出現的頻率。

● **斐波那契數列**

各位有沒有發現，前一頁的花瓣數是**有規則性**的。表格的花瓣數是：

3、5、8、13、21、34、55

這樣把數字並列的叫做**數列**，對此數列說明如下。

第三項的 8 是第一項的 3 加上第二項的 5(3 + 5 = 8)
第四項的 13 是第二項的 5 加上第三項的 8(5 + 8 = 13)
第五項的 21 是第三項的 8 加上第四項的 13(8 + 13 = 21)
第六項的 34 是第四項的 13 加上第五項的 21(13 + 21 = 34)

我們將這個有特別規則的數列稱為**斐波那契數列**（下圖）。

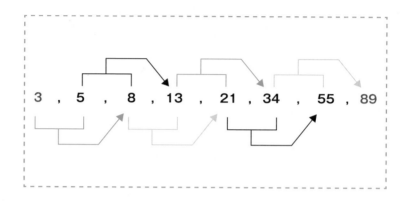

再多介紹一點斐波那契數列吧！

1,1,2,3,5,8,13,21,34,55,89,144,233,377,610,987,1597,2584

將斐波那契數列的相鄰兩數字相除，就會接近右表的「1.618⋯」。是不是似曾相識呢？

$$\frac{1+\sqrt{5}}{2} = 1.618\cdots$$

沒錯，就是第 2 章介紹過的**黃金比例**。斐波那契數列也有黃金比例，非常不可思議。

數列	斐波那契數列的比
1	
	1÷1＝1
1	
	2÷1＝2
2	
	3÷2＝1.5
3	
	5÷3＝1.666…
5	
	8÷5＝1.6
8	
	13÷8＝1.625
13	
	21÷13＝1.615…
21	
	34÷21＝1.619…
34	
	55÷34＝1.617…
55	
	89÷55＝1.618…
89	
	144÷89＝1.617…
144	
	233÷144＝1.618…
233	
	377÷233＝1.618…
377	
	610÷377＝1.618…
610	
	987÷610＝1.618…
987	
	1597÷987＝1.618…
1597	
	2584÷1597＝1.618…
2584	

（模擬）花「1億日圓」買樂透

　　大多數的人在買樂透的時候，都滿懷著夢想與期待吧！不論是現在或過去，樂透都很受歡迎，在樂透銷售處的前面，經常大排長龍。

　　如果用數學計算樂透的話，應該會得到「買得再多，中獎金額也未必會比購買金額多」的結果。此事實「不必經過模擬實驗也知道」，這就是數學的優點，但人類的心理卻還是想親自賭一賭。

　　想像「如果中了1億日圓的樂透⋯」，欣喜若狂之餘，應該會想「買了1億日圓的樂透，究竟可以拿回多少獎金」吧！

　　一般來說，不可能購買1億日圓的樂透，不過現在能透過「web 模擬樂透」(http://kaz.in.coocan.jp/takarakuji/) 工具，模擬自己購買高金額的樂透了。

　　最近，一些朋友半開玩笑的說，「買了1億日圓的樂透來分析」、「花了1億日圓去買樂透」。一開始我很驚訝，友人竟然「那麼有錢」，但其實他們並不是真正去買樂透，而是利用「web 模擬樂透」獲得體驗。

　　在好奇心驅使下，我也用「萬聖節大樂透」來模擬，結果如下一頁的表格。

　　沒想到，**投資1億日圓，中獎獎金卻不到 3,000 萬日圓！**真的是「沒有偏財運」。就連教數學的我，面對樂透也感到無

依「萬聖節大樂透」購入金額(約100萬～約1億日圓)產生的各種模擬結果

購入金額	約100萬日圓	約500萬日圓	約1,000萬日圓	約1億日圓
購入張數	3,333張	16,667張	33,333張	333,333張
一等(3億日圓)	0注	0注	0注	0注
一等的前後獎(1億日圓)	0注	0注	0注	0注
一等不同組別獎(10萬日圓)	0注	0注	0注	1注
二等(1,000萬日圓)	0注	0注	0注	0注
三等(100萬日圓)	0注	0注	0注	0注
四等(3,000日圓)	33注	148注	314注	3,310注
五等(300日圓)	335注	1,668注	3,334注	33,334注
萬聖節獎(1萬日圓)	6注	42注	91注	961注
中獎金額	259,500日圓	1,364,400日圓	2,852,200日圓	29,640,200日圓
回饋率	25.95%	27.29%	28.52%	29.64%
中獎率	11.22%	11.15%	11.22%	11.28%

力。我周遭同樣體驗了模擬樂透的朋友,不少人也是「花了大約1億日圓卻只中了4,500萬日圓」,或是「連3,000萬日圓都沒回饋……」,跟我一樣沒有偏財運。

雖然發揮了「實驗精神」,但從結果來看,還好沒有實際去買樂透,為了防止這類「會讓人遺憾的狀況」發生,最佳工具可能就是數學了。

萬聖節大樂透的銷售總金額是300億日圓,而利息總額是143億9,900萬日圓,分配率是48%(計算方法後面會詳細說明)。所以購買1億日圓的話,希望能回饋「約4,800萬日圓」,但回饋率卻不到30%(不到3,000萬日圓),可能有人會感到難以置信吧!

回饋率低的原因,可以從相對於萬聖節大樂透銷售總金額300億日圓而言,1億日圓的「金額太小(實驗金額小)」來思考。想獲得內心期待的金額,就必須將模擬金額加大。於是,我試著增加模擬金額,結果如下面表格。

依「萬聖節大樂透」購入金額(約10億~約150億日圓)產生的各種模擬結果

購入金額	約10億日圓	30億日圓	90億圓	150億日圓
購入張數	3,333,333張	10,000,000張	30,000,000張	50,000,000張
一等(3億日圓)	0注	0注	4注	9注
一等的前後獎 (1億日圓)	0注	4注	4注	8注
一等不同組別獎 (10萬日圓)	36注	86注	279注	522注
二等(1,000萬日圓)	1注	1注	5注	12注
三等(100萬日圓)	1注	6注	28注	49注
四等(3,000日圓)	33,342注	99,788注	299,587注	499,499注
五等(300日圓)	333,334注	1,000,001注	3,000,000注	5,000,001注
萬聖節獎(1萬日圓)	9,935注	30,360注	89,954注	149,577注
中獎金額	313,976,200日圓	1,327,564,300日圓	4,404,201,000日圓	8,215,467,300日圓
回饋率	31.39%	44.25%	48.94%	54.77%
中獎率	11.30%	11.30%	11.30%	11.30%

　　購買樂透的金額越大，回饋率就越接近分配率的 48%。在數學方面，稱此狀況為**大數法則**。從結果來看，樂透買得越多，就越有可能獲得合乎預期的回饋。如果買了銷售總金額 300 億日圓的 $\frac{1}{10}$ 以上，也就是 30 億日圓以上的話，中獎金額也就越接近所期待的。

　　另外，雖然有像「西銀座好運中心」，號稱「中獎機會高」的樂透銷售處，甚至有「西銀座之母」的超級銷售員。但從數學的角度來看，不管是在哪一間銷售處購買，中獎機率是一樣的，而且如果真有中獎熱點的話，豈不失去公平性？就如 web 模擬樂透的結果所示，以「容易中獎」為名的店家，**其實正是因為有很多人到這裡買，所以中獎機率才會高。**

　　這個時候，為了了解是否會因銷售處不同而損龜，所求出的實際「平均值 (數學叫做期望值)」才是重要的，但一般人不會想那麼多。

「平均值（期望值）這麼重要，但為何會有最佳狀況呢？」

「要是最佳狀況那麼重要，又為何需要比較平均值呢？」

日常生活當中，常需要作出「求平均值重要呢」還是「找出最佳狀況重要」的判斷，這的確要仔細思考。

● 求萬聖節大樂透的期望值

試著計算萬聖節大樂透的**期望值**吧！1張300日圓，預定發行張數是1億張，所以預計銷售金額是300×1億＝300億日圓的話，中獎金額以及中獎注數便如下表。

等級	中獎金額(日圓)		注數(注)	中獎機率
一等	300,000,000	(3億)	10	$\frac{1}{10000000}$
一等前後獎	100,000,000	(1億)	20	$\frac{1}{5000000}$
一等不同組別獎	100,000	(10萬)	990	$\frac{99}{10000000}$
二等	10,000,000	(1,000萬)	20	$\frac{1}{5000000}$
三等	1,000,000	(100萬)	100	$\frac{1}{1000000}$
四等	3,000		1,000,000	$\frac{1}{100}$
五等	300		10,000,000	$\frac{1}{10}$
萬聖節獎	10,000		17,000	$\frac{3}{1000}$

各等獎項、前後獎、組別錯誤獎，以及萬聖節獎的**中獎金額**的總金額如下表。

等級	中獎金額(日圓)	注數	中獎金額×注數
一等	300,000,000	10	3,000,000,000
一等前後獎	100,000,000	20	2,000,000,000
一等不同組別獎	100,000	990	99,000,000
二等	10,000,000	20	200,000,000
三等	1,000,000	100	100,000,000
四等	3,000	1,000,000	3,000,000,000
五等	300	10,000,000	3,000,000,000
萬聖節獎	10,000	300,000	3,000,000,000
合　計		11,301,140	14,399,000,000

從上表可知，萬聖節大樂透每一注的期望值是：

$$\frac{14399000000}{100000000} = \frac{14399}{100} = 143.99 \text{ 日圓}$$

相對於一張 300 日圓的萬聖節大樂透，只能分到 143.99 日圓，那麼分配率就是：

$$\frac{143.99}{300} = 0.479966 = 47.9966\% (\fallingdotseq 48\%)$$

而且，此分配率是假設「樂透全數賣出了」。如同前面模擬的結果所示，買樂透的人越多，購入金額越大，那麼回饋率就會越接近 48%。

再看分配金額，一等獎加上一等前後獎共有 50 億日圓，占總額的 35% 左右，所以如果沒中到一等獎或一等前後獎的話，那麼分配率就不可能接近 48%。實際上，依 web 模擬樂透的結果顯示，回饋率會接近 48% 是在購入金額達到 30 億日圓以上的時候，而且還要中好幾張一等獎或一等前後獎才有可能。**為了更接近回饋率，需要中到超級大獎才行。**

9 3 公寓大廈的「最受歡迎的銷售價格範圍」是「眾數(mode)」

報紙有時會夾帶一些房地產廣告，廣告中可以看到幾個統計數據，引起我對統計的興趣。下面就來看看是哪些數據吧！

● 地址/○○市□□
● 交通/○○線「□□」站步行△分鐘
● 構造/RC造五層樓建築
● 銷售戶數/10戶
● 銷售價格/1,500萬日圓(1戶)～
　　　　　　　　6,500萬日圓(1戶)
● 最受歡迎的銷售價格範圍/2,000萬日圓(6戶)

公寓大廈會設定**最受歡迎的銷售價格範圍**（或最受歡迎價格範圍），這是將公寓大廈的價格，以100萬日圓為單位表示時，銷售戶數最多的價格範圍。

公寓大廈跟新蓋的獨棟別墅不同，銷售戶數不是只有1戶，可能會有10戶、20戶，甚至於會超過100戶，每一間的坪數、日照、景色等條件都不相同，銷售價格無法統一。因此銷售價格會以一個範圍來標示：

銷售價格/1,500萬日圓(1戶)～6,500萬日圓(1戶)

但價格幅度太大卻會造成困擾。尤其是位於市中心，離車站近的公寓大廈，約為：

銷售價格/5,000萬日圓(1戶)～2億5,000萬日圓(1戶)

銷售價格的差異幅度是以億為單位的，當然希望有平均值可以參考。但如果有極端大的數字，或是極端小的數字(異常值)，那麼可能會影響到平均。因此，為了避免受到極端數字的影響，才有了最受歡迎銷售價格範圍。所謂最受歡迎銷售價格範圍，在數學上稱為**眾數**(mode)。

請看下面的例子！

戶數最多的是，2,000萬日圓的有6戶，這就是最受歡迎銷售價格範圍。製作10戶以上公寓大廈的廣告時，會在廣告單標示出最低價格、最高價格以及最受歡迎銷售價格帶、銷售戶數，如前一頁。

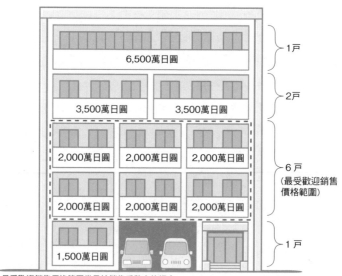

最受歡迎銷售價格範圍常見於銷售戶數多的場合

為何「開票率1%」，選舉速報也說「確定當選」？

每當日本眾議院等舉行選舉時，各新聞台都會製作選舉特別報導。報導中，常會有還沒全部開完票，但電視畫面卻出現「○○○確定當選」的跑馬燈。

開票率只有1%、甚至不到1%時，數分鐘後就會看到「確定當選」的標題，以及候選人發表「當選感言」。為何這麼快就知道「確定當選」呢？新聞台等單位在發表「確定當選」前，需要掌握當選人「確實贏了」其他候選人的數據。而此數據資料的取得方法，包括**出口民調、事前採訪、民意調查**等。出口民調是去採訪剛投完票的民眾，詢問「投給哪位候選人」後整理出的數據。而事前採訪則是記者前去候選人的競選總部採訪，從競選總部取得目前已經掌握到的「鐵票」等資訊。

當然選舉多是拉鋸戰，所以也會到各開票所進行調查。通常是兩個人一組，一個人站在高處，用望遠鏡確認選票，而另一個人則是計算選票張數。利用這些資訊來預測選舉結果。

或許有人會覺得「也有可能預測錯誤吧」。沒錯，確實如此。近幾年，也發生過好幾次，原本認為確定當選的候選人，最後卻落選的例子（當選誤報）。由此可知，新聞台的確定當選也只是預測而已。

以統計方法預測出的結果與實際結果不同，這種情況有知

名例子。那就是 1948 年的美國總統選舉。該次選舉中，被視為最有勝算的候選人有杜魯門以及杜威兩位。針對該次選舉，包括作為民意調查先驅者的蓋洛普公司在內，CROSLEY、ROVER 等有名公司都進行了預測。民意調查的結果，蓋洛普與 CROSLEY 公司以 5 個百分點，而 ROVER 公司則是以 15 個百分點的差距，認為杜魯門會輸給杜威。但實際結果則是杜魯門以 4 個百分點贏過杜威。

民意調查公司的預測與實際結果

	蓋洛普公司	CROSLEY公司	ROVER公司	實際結果
杜威候選人	49.5%	49.9%	52.2%	45.1%
杜魯門候選人	44.5%	44.8%	37.4%	49.5%
其他候選人	6.0%	5.3%	10.4%	5.4%
合計	100.0%	100.0%	100.0%	100.0%

不只是美國，民意調查對調查各國國民意見都有很大的幫助。從該次的預測錯誤，深深體會到民意調查與實際總統大選的結果之所以有這樣大的差異，應該是因為未能完全掌握國民的想法。

1948 年的這次美國總統大選，顛覆了各種預測，最後由杜魯門當選，所以此次選舉又稱為「杜魯門奇蹟」，而預測錯誤的原因，可能是當時使用了**配額制度（quota system）**的調查方式。所謂的配額制度，就是將有投票權者，按照年紀、

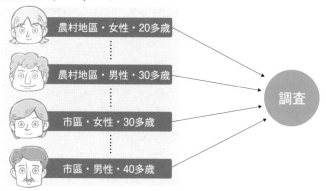

配額制度 (quota system)

農村地區・女性・20多歲

農村地區・男性・30多歲

市區・女性・30多歲

市區・男性・40多歲

調查

性別、地區進行分類，再根據人數來分配接受調查的人數，希望接受調查的母群體結構與有投票權者的整體人口結構相同。

　　看起來沒太大問題，但為何卻錯估結果呢？那是因為**調查對象的挑選太過偏頗**。所謂配額制度，是只要符合所有分類條件的調查對象，那麼不論是誰都沒關係。簡單的說，調查員可憑主觀意志來挑選調查對象。如此一來，調查員通常會挑選認識的人，或是比較好調查的人。既然自己能決定調查對象，就不需要刻意去挑選「難以開口詢問」的人了。但如果「不去調查難以開口詢問的對象」，調查結果就會不精確。

　　所謂的隨機，會被誤解成「隨意做做就好了」的意思，但實際上要做到隨機可是非常困難的，而且會花費龐大費用。越是想減少費用，就越做不到隨機抽樣。1948 年的美國總統大選就是很好的歷史事例。

9 5 為何不是「變異數」或「平均離均差」，而是使用「標準差」呢？

　　學校的段考或是模擬考，在發還考卷的時候通常也會提供平均分數，但只知道自己的分數以及平均分數，並無法知道自己的級距。譬如，用下面的例子來思考。

科目	自己的分數	平均分數
日本史	72	60
世界史	78	65

　　不論是日本史，或是世界史，自己的分數是平均分數的 1.2 倍，所以會自認為「應該還算可以」吧！

　　像這樣概略的做出評價雖然也是方法之一，但競爭激烈的大學考試可是差之毫釐，失之千里，最好能有更明確的資訊可以參考。

　　而比起平均分數，能更明確的比較各科成績的「工具」就是**偏差值**。偏差值就是當平均分數為 50，標準差是 10 的數值。假設偏差值是 60 的話，那麼應該就能把握自己位於由上往下數 15.87% 的位置，而偏差值是 70 的話，則是位於由上往下數 2.28% 位置。

　　導入偏差值時，稱它為**標準差**，由於是必須要有能表示數

據的偏差狀況的數字，等等會再詳細說明。計算的方法也稍後再解說。

首先，偏差值只要以下面公式就可計算出：

$$\frac{(自己的分數) - (平均分數)}{(標準差)} \times 10 + 50$$

就前面例子來說，日本史的標準差是 6，世界史的標準差是 10 的話，那麼兩科的偏差值就如下表所示。可以見到，日本史的分數比世界史低，但偏差值反而較高。

科目	分數	平均分數	標準差	偏差值	偏差值算式
日本史	72	60	6	70	$\frac{72-60}{6} \times 10 + 50 = 20 + 50$
世界史	78	65	10	63	$\frac{78-65}{10} \times 10 + 50 = 13 + 50$

● 關於標準差

接著說明**標準差**。用數字來表示數據特徵的時候，最常使用的就是平均值。但平均值並非萬能，它還是有缺點的。譬如下面的數據，這是某次考試的分數。

名字	第一個人	第二個人	第三個人	第四個人	第五個人	第六個人
A班	50分	50分	50分	50分	50分	50分
B班	60分	40分	60分	40分	60分	40分
C班	75分	25分	75分	25分	75分	25分
D班	100分	0分	100分	0分	100分	0分

雖然A～D每一班的**平均分數都是50分**，但卻不能說「A～D班的狀況都是相同的」。A班大家的分數都相同，B班學生的成績較為平均，但C班學生的分數就相差很大，感覺像是包括該學科較出色的，以及較不擅長的學生。D班的學生，看來對該學科的好惡程度有極大落差。但光是靠敘述很難將正確的特徵完整表達出來。這是因為每個人對文字的感受不相同。因此最好能用數字將差異點客觀地呈現出來。

這四個班級哪裡不同呢？平均分數相同，但是與平均分數的差距，也就是離散程度都不同。A班學生與平均分數相同，所以分數沒有差距。B班學生與平均分數有10分的差距。C班學生與平均分數有25分的差距。D班學生則與平均分數有50分的差距。

與平均分數的離散程度，在數學領域稱為**標準差**。用數字來表示，A班的標準差是0分，B般的標準差是10分，C班的標準差是25分，D班的標準差是50分。

● **標準差的計算方式**

如本例，要是每一班的離散程度相同，要計算標準差就很簡單，但一般來說是不可能相同的。下面就來介紹，**離散程度不同時標準差的計算方式**。下表是A、B、C、D四人在4～8月打工的工資。四人的**平均薪資相同，都是5萬日圓**。

姓名	4月份薪資	5月份薪資	6月份薪資	7月份薪資	8月份薪資	平均薪資
A	5萬	5萬	5萬	5萬	5萬	5萬
B	2萬	4萬	5萬	6萬	8萬	5萬
C	0	2萬	4萬	8萬	11萬	5萬
D	0	0	0	0	25萬	5萬

為了了解A、B、C、D的薪資有何不同，必須求出標準差。首先從每一個月的薪資減掉平均薪資的 5 萬日圓，這樣得出的數字就是**離均差**。

姓名	4月份薪資 －5萬日圓	5月份薪資 －5萬日圓	6月份薪資 －5萬日圓	7月份薪資 －5萬日圓	8月份薪資 －5萬日圓	離均差 的合計
A	0	0	0	0	0	0
B	－3萬	－1萬	0	1萬	3萬	0
C	－5萬	－3萬	－1萬	3萬	6萬	0
D	－5萬	－5萬	－5萬	－5萬	20萬	0

但只是用減法簡單計算的話，就會像上面的表格，離均差的合計都會是「0」。那就無法分析 A、B、C、D 離散程度的差距了。離均差合計之所以都變成「0」，是**因為正、負數參雜在一起**。那我們把負數**平方**，讓它變成正數的話，此平方數的平均數就稱為**變異數**。算出每個人離均差的平方後再計算吧！

姓名	(4月份薪資－5萬日圓)的平方	(5月份薪資－5萬日圓)的平方	(6月份薪資－5萬日圓)的平方	(7月份薪資－5萬日圓)的平方	(8月份薪資－5萬日圓)的平方	變異數
A	0	0	0	0	0	0
B	9萬^2	1萬^2	0	1萬^2	9萬^2	4萬^2
C	25萬^2	9萬^2	1萬^2	9萬^2	36萬^2	16萬^2
D	25萬^2	25萬^2	25萬^2	25萬^2	400萬^2	100萬^2

從上表可知，B 比 A，C 比 B，D 比 C 更顯出差距，這從數字就可客觀得知。只不過，此變異數稍微有點不妙，請注意單位的部分。

萬^2

計算變異數時需要先平方，但是連單位也必須平方。不過平常會使用**萬^2**這個單位嗎？不會使用吧！所以，為了去除單位平方，就要取變異數的**方根（根號）**。變異數的方根（根號）就是**標準差**。

標準差＝$\sqrt{變異數}$

姓名	變異數	$\sqrt{(變異數)}$	標準差
A	0	0	0
B	4萬^2	$\sqrt{(4萬^2)}$	2萬
C	16萬^2	$\sqrt{(16萬^2)}$	4萬
D	100萬^2	$\sqrt{(100萬^2)}$	10萬

剛剛，在計算能呈現差距狀況的**變異數**過程中，為了讓負數變成正數所以乘以平方。但如果只是「讓負數變成正數」，那除了平方外，也可以用「離均差的絕對值」這個方法。「離均差的平方」稱為變異數，「離均差的絕對值」則稱為**平均離均差**。不過與標準差相比，平均離均差較少人使用。

姓名	(4月薪資－5萬日圓)的絕對值	(5月薪資－5萬日圓)的絕對值	(6月薪資－5萬日圓)的絕對值	(7月薪資－5萬日圓)的絕對值	(8月薪資－5萬日圓)的絕對值	平均離均差
A	0	0	0	0		0
B	3萬	1萬	0	1萬	3萬	1.6萬
C	5萬	3萬	1萬	3萬	6萬	3.6萬
D	5萬	5萬	5萬	5萬	20萬	8萬

理由之一是，**相較於絕對值的計算，乘以平方比較簡單**。如高中數學教科書所提到，絕對值的計算需要做「分類」，當然會比較複雜。而平方計算不需要進行分類，幾乎不用思考就可算出，簡單就能讓數字變大。

而且如果「只是」調查差距狀況的話，不管是用標準差或是平均離均差都沒關係，使用變異數也可以。只不過，我們想知道的不是「只有」差距狀況。我們需要可以運用差距狀況在日常生活當中進行預測、推測。平常要使用的話，變異數與平均離均差都比標準差不易使用，故大多時候還是會使用標準差。

9 6 使用「卜瓦松分配」可算出「成為人氣偶像的機率」

　　能用來預測「每天發生交通事故的件數」、「書本中每頁出現錯誤的次數」等稀有事件的，就是**卜瓦松分配**。過去有統計學家調查、分析「被馬匹踩死士兵的人數」，而這就是第一次將卜瓦松分配實際用於預測的特殊案例，稍後我們會詳加解說。

　　卜瓦松分配的公式，是指在單位時間 (1 小時、1 天、1 年) 內，某事件平均發生了 λ 次的時候，將事件的發生機率 k 用下面算式來表示：

$$\frac{e^{-\lambda} \times \lambda^{k}}{k!}$$

　　e **稱為自然對數的底**。為 2.718281828459……，是像圓周率 π 般無限且不循環的數。$k!$ 是乘以 1 到 k 為止整數所得的值。比方說，1！＝1、2！＝2×1＝2、3！＝3×2×1＝6。光看公式應該不好懂，我們就舉個例子來說明吧！

　　● 在中午用餐時間 12～13 點的 1 個小時內，某辦公室平均接到 3 次電話。請利用卜瓦松分配算出本日午餐時間打來的電話次數。電話打來的頻率設定為 λ 次。

因平均來電次數為 3，故 $\lambda = 3$：

$$\frac{e^{-3} \times 3^k}{k!} = \frac{3^k}{e^3 \times k!}$$

使用這個公式，計算出「沒有電話打來」、「打來 1 次電話」、「打來 2 次電話」、「打 3 次電話」的機率。

● 午餐時間沒有電話打來($k = 0$)的機率

$$\frac{3^0}{e^3 \times 0!} = \frac{1}{e^3} = \frac{1}{20.0855369\cdots} = 0.049787068\cdots \fallingdotseq 5.0\%$$

● 午餐時間打 1 次電話來($k = 1$)的機率

$$\frac{3^1}{e^3 \times 1!} = \frac{3}{e^3} = \frac{3}{20.0855369\cdots} = 0.1493612\cdots \fallingdotseq 14.9\%$$

● 午餐時間打 2 次電話來($k = 2$)的機率

$$\frac{3^2}{e^3 \times 2!} = \frac{9}{2e^3} = \frac{9}{40.17107385\cdots} = 0.224041808\cdots \fallingdotseq 22.4\%$$

● 午餐時間打 3 次電話來($k = 3$)的機率

$$\frac{3^3}{e^3 \times 3!} = \frac{9}{2e^3} = \frac{9}{40.17107385\cdots} = 0.224041808\cdots \fallingdotseq 22.4\%$$

整理成下面表格。

電話次數 (k)	0	1	2	3	4	5	6	7
機率(%)	5.0	14.9	22.4	22.4	16.8	10.1	5.0	2.2

午餐時間平均接到 3 次電話的辦公室，完全沒有電話打來的機率是 5%，所以沒有設置電話答錄機的話，全部的人能一起外出用餐的機會很小。

其實，卜瓦松分配可以將單位時間延長為 1 天、1 星期、1 個月……1 年，可以做更有趣的預測。例如，請想想看下面的題目。

● **題目**

A 縣每年平均 1 個人會成為人氣偶像，B 縣每年平均 2 個人成為人氣偶像。今年 A 縣、B 縣會成為人氣偶像的人數以及機率是？

○ **A 縣**

每年平均 1 人 ($\lambda = 1$) 成為人氣偶像的話，

是將 $\lambda = 1$ 代入 $\dfrac{e^{-\lambda} \times \lambda^k}{k!}$ ，

$$\dfrac{e^{-1} \times 1^k}{k!} = \dfrac{1}{e \times k!}$$

用此算式繼續計算。

● **今年沒有人成為人氣偶像($k = 0$)的機率**

$$\dfrac{1}{e \times 0!} = \dfrac{1}{e} = \dfrac{1}{2.7182818\cdots} = 0.367879\cdots \fallingdotseq 36.8\%$$

- 今年1個人成為人氣偶像($k = 1$)的機率

$$\frac{1}{e \times 1!} = \frac{1}{e} = \frac{1}{2.7182818\cdots} = 0.367879\cdots \fallingdotseq 36.8\%$$

- 今年2個人成為人氣偶像($k = 2$)的機率

$$\frac{1}{e \times 2!} = \frac{1}{2e} = \frac{1}{2 \times 2.7182818\cdots} = 0.183939721\cdots \fallingdotseq 18.4\%$$

- 今年3個人成為人氣偶像($k = 3$)的機率

$$\frac{1}{e \times 3!} = \frac{1}{6e} = \frac{1}{6 \times 2.7182818\cdots} = 0.06131324\cdots \fallingdotseq 6.1\%$$

整理成下面表格。

成為人氣偶像人數〔k〕	0	1	2	3	4	5
機率(%)	36.8	36.8	18.4	6.1	1.5	0.3

○B縣

每年平均 2 人 ($\lambda = 2$) 成為人氣偶像的話,

是將 $\lambda = 2$ 代入 $\dfrac{e^{-\lambda} \times \lambda^{k}}{k!}$,

$$\frac{e^{-2} \times 2^{k}}{k!} = \frac{2^{k}}{e^{2} \times k!}$$

用此算式繼續計算。

- 今年沒有人成為人氣偶像($k = 0$)的機率

$$\frac{2^{0}}{e^{2} \times 0!} = \frac{1}{e^{2}} = \frac{1}{7.389056\cdots} = 0.135335\cdots \fallingdotseq 13.5\%$$

● 今年1個人成為人氣偶像($k = 1$)的機率

$$\frac{2^1}{e^2 \times 1!} = \frac{2}{e^2} = \frac{2}{7.389056\cdots} = 0.270671\cdots \fallingdotseq 27.1\%$$

● 今年2個人成為人氣偶像($k = 2$)的機率

$$\frac{2^2}{e^2 \times 2!} = \frac{2}{e^2} = \frac{2}{7.389056\cdots} = 0.270671\cdots \fallingdotseq 27.1\%$$

● 今年3個人成為人氣偶像($k = 3$)的機率

$$\frac{2^3}{e^2 \times 3!} = \frac{4}{3e^2} = \frac{4}{22.167168\cdots} = 0.180447\cdots \fallingdotseq 18.0\%$$

整理成下面表格。

成為人氣偶像人數 〔k〕	0	1	2	3	4	5	6
機率(%)	13.5	27.1	27.1	18.0	9.0	3.6	1.2

卜瓦松分配的特徵及優點就是，只要知道平均值(λ)，那麼即使不知道全體人數也能算出答案。

就算 A 縣和 B 縣的人口不同，只要知道成為人氣偶像的平均人數，就能做出今年的預測。

● 「被馬匹踩死的士兵數量」是？

先來說明「被馬匹踩死的士兵數量」吧！雖然這是「有史以來卜瓦松分配第一次應用的調查案例」，但實際執行的是德國的數理統計學家，同時也是數理經濟學家的波爾特凱維茲 (Ladislaus von Bortkiewicz)。

波爾特凱維茲針對 10 個 (後來增加至 200 個) 普魯士陸軍部隊，在 1875～1894 年這 20 年當中，「被馬匹踩死的士兵數量」進行調查。結果如下表。

1個部隊中被馬踩死的士兵數量	0人	1人	2人	3人	4人	5人以上	合計
部隊數	109	65	22	3	1	0	200
部隊占比(%)	54.5	32.5	11	1.5	0.5	0	100

出自：Das Gesetz der kleinen Zahlen（The Law of Small Numbers）Ladislaus von Bortkiewicz（1898）

20 年當中，被馬踩死的士兵總數是，

$$0 \times 109 + 1 \times 65 + 2 \times 22 + 3 \times 3 + 4 \times 1 + 5 \times 0$$
$$= 0 + 65 + 44 + 9 + 4 + 0 = 122(人)$$

所以，1 個部隊當中被馬匹踩死的人數為，

$$\lambda = 122 \div 200 = 0.61(人)$$

因此，可以求出機率公式：

$$\frac{e^{-0.61} \times 0.61^k}{k!} = \frac{0.61^k}{e^{0.61} \times k!}$$

因為有實際的結果，我們可以用卜瓦松分配來確認一下預測是否準確。

● **沒有人被馬匹踩死($k = 0$)的機率**

$$\frac{0.61^0}{e^{0.61} \times 0!} = \frac{1}{e^{0.61}} = \frac{1}{1.8404313987\cdots} = 0.543350869\cdots \fallingdotseq 54.3\%$$

● **1個人被馬匹踩死($k = 1$)的機率**

$$\frac{0.61^1}{e^{0.61} \times 1!} = \frac{0.61}{e^{0.61}} = \frac{0.61}{1.8404313987\cdots} = 0.33144403\cdots \fallingdotseq 33.1\%$$

● **2個人被馬匹踩死($k = 2$)的機率**

$$\frac{0.61^2}{e^{0.61} \times 2!} = \frac{0.61^2}{2e^{0.61}} = \frac{0.3721}{3.680862797\cdots} = 0.101090429\cdots \fallingdotseq 10.1\%$$

1個部隊中被馬踩死的士兵數	0人	1人	2人	3人	4人	5人以上	合計
部隊數（實際）	109	65	22	3	1	0	200
部隊數（預測）	108.7	66.3	20.2	4.1	0.6	0.08	200
部隊占比（實際）(%)	54.5	32.5	11	1.5	0.5	0	100
部隊占比（預測）(%)	54.3	33.1	10.1	2.1	0.31	0.04	100

雖然有點誤差，但應該算得上精確了吧！現代人應該很難想像會有「被馬匹踩死」的事情發生，但是曾有這樣的諺語：

「破壞他人戀情的傢伙，乾脆被馬匹踩死算了。」

看來在當時，這是很有可能發生的。

卜瓦松分配可用來預測日常的各種情形，但不是每件事都能計算。對於不知道λ的事實或現象就無法正確分析，所以請注意適用範圍。

找出「年收入1億日圓以上的人才」 與「10年難得一見的美女」

　　常可聽到「年收入 1 億日圓以上的人才」、「百萬人中選一的天才」、「10 年難得一見的美女」等說法。大多時候，都是說話者憑著經驗與感覺說出來的，但**只要使用統計，就能讓這些說法數值化**，更易於理解。就來試著掌握天才的厲害程度吧！此時，需要**常態分布與標準分數**（z score）這兩種數值。

　　首先是常態分布。譬如，把丟 150 次硬幣時出現正面的次數當作橫軸，其機率當作縱軸製作成圖表，那麼就會出現下圖的吊鐘形圖表。簡單的說，呈現圓弧形狀的曲線是常態分布。常態分布會**呈現左右對稱的圖表，正中間的是平均值**。

　　我們收集的數據做成圖表的話，大多會呈現如常態分布的形狀，所以使用常態分布，就能夠倒算出各種現象。我們常聽到的偏差值以及 IQ，就是**假設調查對象呈現常態分布後反算出來的**。

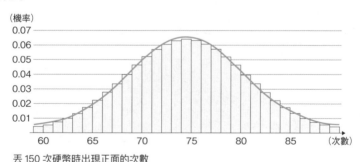

丟 150 次硬幣時出現正面的次數

偏差值是當平均值 50、標準差為 10 時的自己分數，而標準分數 (z score) 則是平均值 0、標準差為 1 時的數值，代表個人在整體當中的相對位置。然後再把標準分數 (z score) 轉換成偏差值或是 IQ，這樣會比較簡單。準備完畢，開始計算吧！

● 年收入1億日圓以上的人才

按照常態分布來假設日本人的年收入，然後再把「年收入 1 億日圓以上的人才」換算成偏差值。那麼年收入 1 億日圓會得出一個很不得了的數值。

根據日本國稅廳的統計年報，2015(平成 27) 年度，年收入超過 1 億日圓的人有 19,234 人，而 2016(平成 28) 年度則有 20,501 人，所以年收入超過 1 億日圓的人大約有 2 萬人。

以日本人口大約 1 億 2,600 萬人來說，其所占比例是，

$$\frac{2}{12600} = \frac{1}{6300} \fallingdotseq 0.00159$$

只能粗略知道所占比例是「0.159%」，接下來試著將它變成更詳細的數字吧！

但是，從上半部的比例無法直接算出標準分數(z score)，必須從整體減去上半部的比例後，再去求下一頁圖中藍色部分的比例(下尾累積機率，lower-tail probability)。此時，下尾累積機率就是「年收入未到1億日圓的人的比例」。

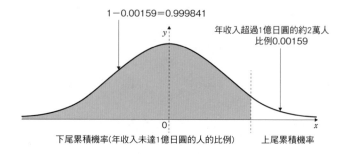

1－0.00159＝0.999841

年收入超過1億日圓的約2萬人
比例0.00159

下尾累積機率(年收入未達1億日圓的人的比例)　上尾累積機率

標準分數 (z score) 只要使用「Excel」或「高度計算網站」、「常態分布表」就能知道。如果是 Excel 的話，要使用「NORM. S.INV 函數」，高度計算網站則利用標準常態分布的「下尾累積機率」或「上尾累積機率」。

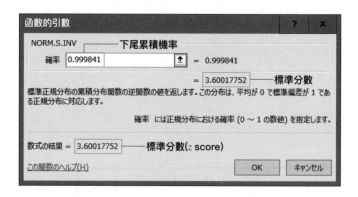

使用Excel：NORM.S.INV(0.999841)的話，$z \fallingdotseq 3.6$
使用高度計算網站：標準常態分布的下尾累積機率P＝0.999841
或是標準常態分布的上尾累積機率Q＝0.00159，則 $z \fallingdotseq 3.6$

標準分數 (z score) 的計算方法，如果是把自己的分數當作是 X 的話，

$$z = \frac{X - (\text{平均值})}{(\text{標準差})}$$

求「偏差值」及「IQ」時，就要利用這樣的公式計算：

$$X = (\text{標準差}) \times z + (\text{平均值})$$

列出具體公式的話，偏差值平均是 50，標準差是 10，所以換算式是：

$$\text{偏差值} = 10 \times z + 50$$

IQ 的平均是 100，電視等媒體報導經常提到的，IQ 標準差是 24，所以 IQ 換算式是：

$$\text{IQ} = 24 \times z + 100$$

接著，用偏差值來表示年收入 1 億日圓的人才 ($z \fallingdotseq 3.6$)：

$$\text{偏差值} = 10z + 50 \fallingdotseq 10 \times 3.6 + 50 = 86$$

換算成標準差是 24 的 IQ，則為：

$$\text{IQ} = 24z + 100 \fallingdotseq 24 \times 3.6 + 100 = 186.4$$

● 百萬人中選一的天才

接著來計算百萬人的一名天才。「百萬人中的一人」似乎很難想像，那就實際舉個例吧！譬如，參加冬季奧林匹克的日本選手人數是「2018 年 124 人、2014 年是 113 人、2010 年是 94 人」。考慮到日本人口有 1 億 2,600 萬人，那些選手就等於是百萬人中選一的天才。也就是說，「百萬人中選一的天才」可用「冬季奧林匹克選手級」來理解。將它數據化吧！

100 萬人中之 1 人的比例是 0.000001(＝ 10^{-6})。整體去除掉上半部後剩下的比例 (下尾累積機率) 是：

$$1－0.000001 ＝ 0.999999$$

利用此數值來求標準分數 (z score)。

使用Excel：NORM.S.INV(0.999999)的話，$z \fallingdotseq 4.753$
使用高度計算網站：標準常態分布的下尾累積機率P＝0.999999
或是標準常態分布的上尾累積機率Q＝0.000001，則 $z \fallingdotseq 4.753$

然後把 100 萬人中的 1 位 ($z \fallingdotseq 4.753$) 換算成偏差值：

$$偏差值 ＝ 10z＋50 \fallingdotseq 10 \times 4.753＋50 ＝ 97.53$$

再換算成標準差 24 的 IQ：

$$IQ ＝ 24z＋100 \fallingdotseq 24 \times 4.753＋100 ＝ 214.072 \fallingdotseq 214$$

● 10 年難得一見的美女

求「10 年難得一見的美女」的機率，先假定每年會誕生 100 萬人的嬰兒，那麼就是 1,000 萬人中的 1 位，但這 1,000 萬人中可能有一半是男孩，所以就是「500 萬人中的 1 位美女」。500 萬人中 1 人的比例是 $0.0000002 (= 2 \times 10^{-7})$。跟前面一樣，從整體去掉上方部分的比例 (下尾累積機率) 是：

$$1 - 0.0000002 = 0.9999998$$

利用這個數值求標準分數 (z score)。

使用Excel：NORM.S.INV(0.9999998)的話，$z \risingdotseq 5.07$
使用高度計算網站：標準常態分布的下尾累積機率P＝0.9999998
或是標準常態分布的上尾累積機率Q＝0.0000002，則 $z \risingdotseq 5.07$

將 10 年出現一位美女 ($z \risingdotseq 5.07$) 的數值換算成偏差值：

$$偏差值 = 10z + 50 \risingdotseq 10 \times 5.07 + 50 = 100.7$$

再換算成標準差 24 的 IQ：

$$IQ = 24z + 100 \risingdotseq 24 \times 5.07 + 100 = 221.68 \risingdotseq 221.7$$

根據國稅廳的統計年報，年收入超過 100 億日圓的日本人，2015(平成 27) 年度是 14 人，2016(平成 28) 年度是 17 人，這與「10 年難得一見的美女」的比例相當接近。而且說不定「10 年難得一見的美女」正好也是年收入 100 億日圓中的一人。將這些特別人物加以數值化，似乎能更客觀地了解他們的不凡。

「平均值」與客機座位全部指定的關係匪淺

　　從客機結構的強度與引擎功能評估，承載重量是有限制的。日本航空公司 (JAL) 使用的波音 777-300ER，承載重量是 340 噸，超過承載重量就無法起飛。承重包含了機身 165 噸，燃料最多是 145 噸，貨物以及人員不得超過 30 噸。

　　機身的重量不會變動，但燃料、貨物、乘客的重量可以調整。每一個座位都有乘客時，因可以維持客機的重心所以沒問題，但空位多的時候就要注意了。

　　要是乘客集中坐在飛機前半段，那麼飛機前面會變重，容易失去平衡。為了保持飛機的平衡，必須計算貨物與旅客的重量，將乘客平均分配在前方、中間以及後方的位子。貨物在乘客報到時會進行秤重，但要秤每一位乘客的體重就侵犯到隱私

波音777–300ER的機內座位表

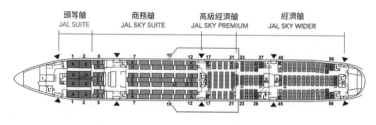

乘客集中坐在某個部位會使機身失去平衡　　　　　　　　　提供：日本航空

了，執行起來相當困難。就算可以做到，要等到知道所有乘客的體重後再安排座位的話，登機時間就會拖很長。這時就要利用平均值。

JAL 設定一位大人是 70kg，一位小孩是 35kg。嬰兒沒有座位，故不需要算進去。而且，冬天時人會穿著厚重衣物，故每一位再多加 2kg。像這樣用平均值來估算，以適當調整乘客座位以保持飛機的平衡。

搭乘客機時，可能會有「座位還很空，想改靠窗的位子」的想法，但客機通常是不能指定座位的，而且也不可隨意更換座位。理由之一，是為了要讓飛機保持平衡。如果非得要換座位時，請平心靜氣地詢問。

客機「無法指定座位」是有理由的。照片是日本航空過去使用的波音747模型。
展示於「SKY MUSEUM」

電視節目收視率是從所有收視戶的「樣本」算出來的

收視率代表有多少家庭在收看的數值。我們常聽到的是**家庭收視率**,它是針對關東地區、關西地區、福岡地區等,日本全國 27 個地區進行調查。現在日本進行收視率調查的公司,只有視頻調查股份有限公司一家。過去尼爾森也會做調查,但是在 2000 年 3 月之後,就退出收視率調查了,所以視頻調查股份有限公司的收視調查結果就是家庭收視率。

根據總務省統計局的數據顯示,日本 5340 萬戶 (2016 年) 當中,光是東京都就有 1800 萬戶。舉例來說,東京都內某電視節目的收視率是 15%,那麼東京都就有 1800×0.15 = 270 萬戶在收看那個節目。收視率的計算方法如下:

收視率 = (看節目的電視台數) ÷ (全體電視台數)×100

收視率最好是能調查全部的電視,根據前面總務省統計局的數據,調查全部收視戶會耗費龐大時間以及成本。因此不是調查全部收視戶,而是從中選取一部分的樣本來分析。

此時,最重要的是抽樣的公平性,以及需要抽多少樣本也同樣重要。10 台、20 台的樣本不具代表性,為求正確性至少需要調查 100 台,但執行起來卻是大工程。

挑選1800萬戶中的900戶作為代表

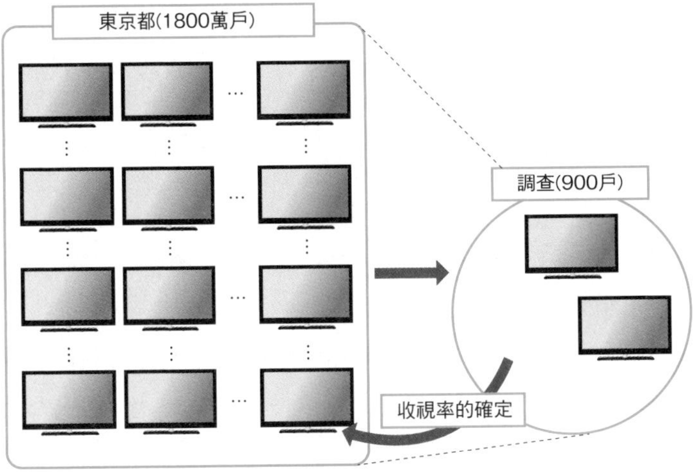

東京都(1800萬戶)

調查(900戶)

收視率的確定

顧慮到成本與正確性，每一地區都訂出接受收視率調查的台數

為了能夠兼顧成本與正確性，按照地區決定接受調查的台數。如果是東京都，從 2016 年 10 月起，挑選 **900 個收視戶**，裝設能測出收視率的**個人收視記錄器**。原本只裝設了 600 台的個人收視記錄器，後來追加了 300 台，並且考慮到有不少人會錄下節目後再觀看，因此加了定時移位錄像重播的功能。以 900 台的調查結果來預測約 1800 萬個收視戶，可見是充分活用了統計的功用呢。

而且實時觀看的收視率是 12%，錄影下來的收視率是 5%，不但實時觀看也錄影觀看的收視率是 2%，實時觀看的收視率加上錄影的收視率，全部的收視率是：

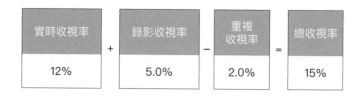

實時收視率	+	錄影收視率	−	重複收視率	=	總收視率
12%		5.0%		2.0%		15%

　　裝設這 900 台個人收視記錄器的受調查對象必須保密。如果裝設了收視記錄器的收視戶被知道的話，節目製作小組可能會對他們提出「這段時間請收看某個電視頻道」的要求。這樣就失去收視率調查的公平性了。過去曾發生過電視公司委託偵探找出安裝收視紀錄器的收視戶，以金錢誘惑，刻意操作收視率的案件。因此，設置收視記錄器的收視戶必須簽下契約，保證不會將裝設記錄器的訊息洩漏出去。

　　裝設記錄器的收視戶須具備一些條件，包括電視公司在內，所有媒體關係者都必須排除在外。而且每一個月需要替換掉 37 或 38 個收視戶 (2 個月 75 個收視戶)，在兩年之內，原本接受調查的收視戶要全部替換過。收視率與收看節目段與節目段之間的廣告 (CM) 有關，所以必須更嚴謹的去測量。統計除了是收視率調查的方法之一，在其他各領域也會使用得到。

結語

各位聽說過神樂坂這個地方嗎？

它位於東京都新宿區，看起來就是一般的斜坡。但汽車通行此處時，規定上午只能由上而下，而下午只能由下而上，採取的是全國也很難得一見的「逆轉式單方通行」。

站在神樂坂，我總會想起 10 幾歲時，考場失利的自己。

國中升學考試、高中升學考試、大學升學考試……不合格

站在公布欄前，望著沒有自己名字的榜單。高中升學考試時，希望讀的學校科系超出配額，所以沒有合格，而大學也重考了一年，但還是考不上希望讀的學校科系。**我的 10 多歲時代，就像上午只能由上而下行駛的神樂坂，一路跌到谷底。**

不斷遭遇挫折的我，在 19 歲的春天，來到神樂坂的下坡。從下坡處往上眺望絢麗無比的神樂坡，與失敗連連、前途黯淡的我形成對比。視線往左看，看到夏目漱石代表作《少爺》的主角就讀的學校（物理學校，現為東京理科大學），心想或許自己也像主角的少爺，注定要讀這間學校，於是辦理了入學手續。

剛進大學的我，對學習產生無力感，恍恍惚惚地去上課。某一天，在上完課的下午 4 點，看到教室外面有著長長的排隊人潮。我心想「這些人到底在等什麼呢」，呆呆望著排隊人龍。

過了幾天，才知道這些是為了能在上課時，坐到教室最前面的位子而排隊的**夜間部**學生。

東京理科大學現在也是日本唯一有夜間理學部的學校，來自各年齡層的學生利用晚上來上課。不只是社會人士，有些已經退休的人也來上課。看到夜間部學生對學習的熱情以及態度，我感到十分羞愧。

「過去如何都無所謂，去學自己想學的。」就像有人在旁邊鼓勵我似的。看見他們的熱情，我的想法不自覺地有了改變。回想起來，應該就是在那時候我的過去有了改變。多虧當時的刺激，我才能沒留級就完成大學的學業。**過去如何都沒關係，隨時都可改變**。本書如能對各位讀者有所幫助，那就太感激了。

最後要感謝科學書籍編輯部的石井顯一先生，承蒙您多方的照顧。在此表達我的感謝之意。

防衛省海上自衛隊小月教育航空隊數學教官　佐佐木 淳

《 參 考 文 獻 》

● 書籍

石川聰彥　著《了解人工智慧程式設計的數學》(KADOKAWA／中經出版、2018年)

MAGAZINE HOUSE　編《自衛隊防災BOOK》(MAGAZINE HOUSE、2018年)

星田直彥　著《快樂學數學基礎》(SB Creative、2018年)

池上彰＋「池上彰緊急特別！」製作團隊　著《不能不知自衛隊真正的實力》(SB Creative、2018年)

藏本貴文　著《學校不教的！一本就能真正搞懂高中數學》(秀和SYSTEM、2014年)

石井俊全　著《就從這本開始，了解統計學》(BERET出版、2012年)

大上丈彥　著、medakacollege監修《用漫畫了解統計學》(SB Creative、2012年)

岡崎拓生　著《飛翔吧！海上自衛隊航空學生》(光人社、2011年)

佃為成　著《東北地方太平洋沖地震無法「預告」嗎？》(SB Creative、2011年)

畑村洋太郎　著《用直覺了解微積分》(岩波書店、2010年)

小島寬之　著《有趣的數學名問題集》(筑摩書房、2009年)

柿谷哲也　著《神盾艦為何是最強的盾牌呢？》(SB Creative、2009年)

櫻井進　著《感動！數學》(海竜社、2006年)

小島寬之　著《完全自學 統計學入門》(diamond社、2006年)

白取春彥　著《「數學」如此有用》(青春出版社、2005年)

畑村洋太郎　著《直覺了解數學》(岩波書店、2004年)

岡部恒治　著《圖解 微積分立即懂》(Sunmark出版、2002年)

江藤邦彥　著《算數與數學 簡單的疑問》(日本實業出版社、1998年)

● 雜誌

Newton light《向量的基礎》(newton press、2018年)

Newton light《對數的基礎》(newton press、2017年)

啟動數學腦這樣學：43 則活化思考、提升數感的實用趣味題
身近なアレを数学で説明してみる

作者　佐佐木 淳 佐々木 淳
譯者　張秀慧
社長　陳蕙慧
副社長　陳瀅如
總編輯　戴偉傑
主編　李佩璇
行銷　陳雅雯
封面設計　黃鈺茹
內頁排版　黃讌茹

出版　木馬文化事業股份有限公司
發行　遠足文化事業股份有限公司（讀書共和國出版集團）
地址　231 新北市新店區民權路 108-4 號 8 樓
電話　(02)22181417
傳真　(02)22180727
Email　service@bookrep.com.tw
郵撥帳號　19588272 木馬文化事業股份有限公司
客服專線　0800-221-029
法律顧問　華洋法律事務所　蘇文生律師
印刷　成陽印刷股份有限公司
初版　2020 年 09 月　　初版2刷　2023 年 09 月
定價　320 元

特別聲明：有關本書中的言論內容，不代表本公司 / 出版集團之立場與意見，文責由作者自行承擔

啟動數學腦這樣學：43 則活化思考、提升數感的實用趣味題 /
佐佐木淳（佐々木淳）作；張秀慧譯. -- 初版. -- 新北市：
木馬文化出版：遠足文化發行, 2020.09
　　192 面；14.8*21 公分
譯自：身近なアレを数学で説明してみる
「なんでだろう？」が「そうなんだ！」に変わる
ISBN 978-986-359-817-6(平裝)

1. 數學 2. 通俗作品

　　　　　310　　　　109009425